一切眼前的东西
联在一起，汇成了宇宙的大欢畅。

天地一行客

季羡林——著
老愚——编选

海南出版社·海口

图书在版编目（CIP）数据

天地一行客 / 季羡林著；老愚编选 . -- 海口：海南出版社，2021.11（2022.9 重印）

ISBN 978-7-5730-0262-4

Ⅰ . ①天… Ⅱ . ①季… ②老… Ⅲ . ①季羡林（1911-2009）- 人生哲学 - 通俗读物 Ⅳ . ① B821-49

中国版本图书馆 CIP 数据核字 (2021) 第 214356 号

天地一行客

TIANDI YI XINGKE

作　　者：季羡林
编　　选：老　愚
责任编辑：张　雪
责任印制：杨　程
印刷装订：北京天恒嘉业印刷有限公司
读者服务：唐雪飞
出版发行：海南出版社
总社地址：海口市金盘开发区建设三横路 2 号　　邮编：570216
北京地址：北京市朝阳区黄厂路 3 号院 7 号楼 102 室
电　　话：0898-66812392　010-87336670
电子邮箱：hnbook@263.net
经　　销：全国新华书店经销
版　　次：2021 年 11 月第 1 版
印　　次：2022 年 9 月第 2 次印刷
开　　本：880 mm × 1 230 mm　1/32
印　　张：6.75
字　　数：102 千
书　　号：ISBN 978-7-5730-0262-4
定　　价：49.90 元

致读者

季羡林先生驾鹤西去已有十二个春秋，但他的思想和感情仍在神州大地上发生着作用，古人所谓不朽，斯之谓也。

季先生生前拥有诸多响亮的名号，剔除那些名不副实的虚衔，他应该是大学教授、东方文化学者、作家、思想者。

尽管有全集行世，各种选本层出不穷，但若要让一般读者了解先生的精神世界，则还需另辟蹊径。二〇〇七年底，我向九十六岁高龄的季先生讲述了编选隽语录的想法，获得了他的首肯和授权。在通读先生著作的基础上，我完成了八万字的辑录工作，内容涵括中国传统文化、中西文化对比、印度文化、读书与治学、人生与世相等，编成《季羡林生命沉思录》的小书。据季羡林之子季承说，这本小书甚得先生认可，由国际文化出版公司出版后亦深得读者喜爱，随后几年又有两个版本问世，在豆瓣上的评分最高达 8.7 分。

这是一本讲真话的人生大书。大，指的是大格局与大境界。先生虽历经坎坷，却仍不失赤子之心，到晚年，他对人事看得极为透彻，又勇于表达，且善于表达，真诚、恳切、犀利——这三个词或许可以用来概括其行文之风骨。“要说真话，不讲假话。”“真话不全说，假话全不说。”生存于中国语境下的人，应该不难理解先生话中隐含的勇气和无奈。“根据我的观察，坏人，同一切有毒的动植物一样，是并不知道自己是坏人的，是毒物的。”“不完满才是人生。”“对待一切善良的人，不管是家属，还是朋友，都应该有一个两字箴言：一曰真，二曰忍。真者，以真情实意相待，不允许弄虚作假。对待坏人，则另当别论。忍者，相互容忍也。”……这些珍珠般的哲思，启迪我们的思考，也有助于我们充分地感受先生的人格魅力。

斯人已逝，精神长存。在目下这个数千年未有之大变局的时代，季羡林先生的思想尤其可以起到匡正世风、矫正人心的作用，故此我们决定再版这本体现先生精神的简要读本。

辞世前，季羡林先生曾提笔为编者撰写了几幅大字：“讲真话”“大有”“不完满才是人生”“艺无涯”“万有无常”。我认为这些话颇能体现他的情怀，亦可当作他的遗言，现收入书中，以表达我们对先生的缅怀之情。

老愚

2021 年 8 月 14 日于北京郊区

讲真话

季羡林

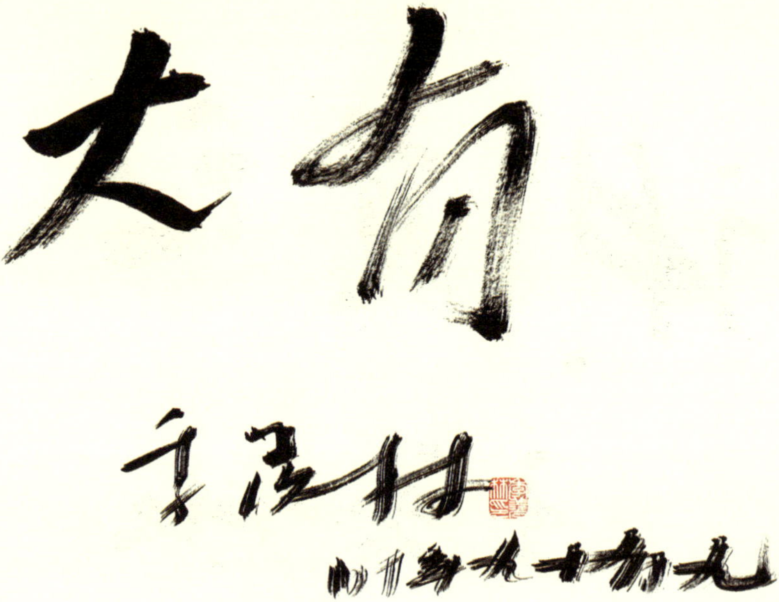
大有
李霖灿

不完满才是人生

季羡林

时年九十有九

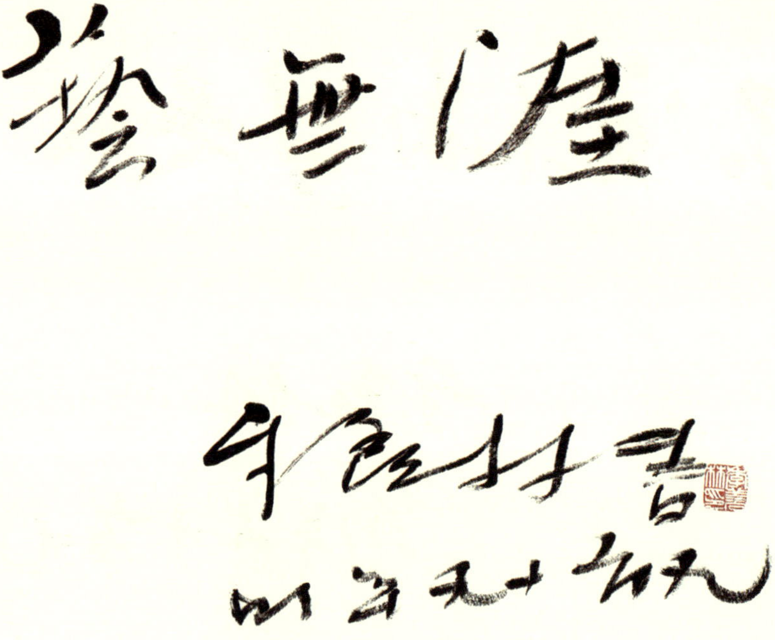
藝無涯
時年九十有九

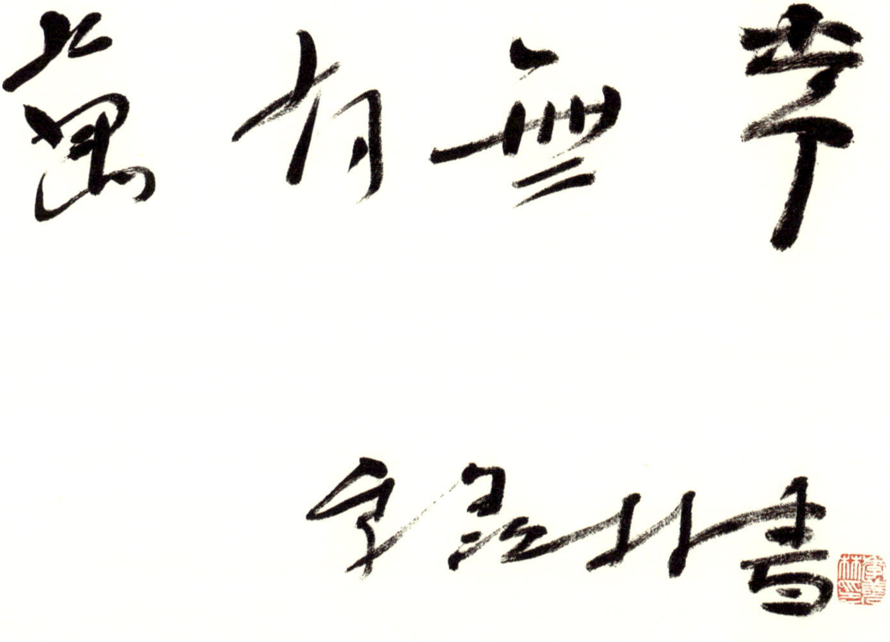
萬有無亭

目　录

CONTENTS

第一章　天地一行客

我从来不相信什么神话，但是现在我真想相信起来，我真希望有一个天国，希望在辽阔无垠的宇宙中间还能有那么一块干净的地方，能容得下一个阆苑乐土。那里有四时不谢之花、八节长春之草，大地上一切花草的魂魄都永恒地住在那里，随时、随地都是花团锦簇，五彩缤纷。

第二章

怀旧净化灵魂

我知道，原始人是颇为相信文字的神秘力量的，我从来没有这样相信过。但是，我现在宁愿做一个原始人，把我的悲痛和怀念转变成文字，也许这悲痛就能突然消逝掉，还我心灵的宁静，岂不是天大的好事吗？

第三章

谈佛论道

我缺少慧根，毕生同佛教研究打交道，却不能成为真正的佛教信徒。但是，我对佛教的最基本教义万有无常（sarvam anityam）却异常信服。我认为，这真正抓住了宇宙万有的根本规律，是谁也否定不掉的。

第四章 西方不亮东方亮

东西方文化的关系是“三十年河东，三十年河西”。以中国文化为基础的东方文化，曾在世界上占主导地位。资本主义兴起以后，西方文化取代了东方文化，垄断世界达数百年之久。现在似乎是渐渐成了强弩之末，济其穷者必然是而且也只有东方文化。

第五章 坏人不会改好

根据我的观察，坏人，同一切有毒的动植物一样，是并不知道自己是坏人的，是毒物的。我还发现，坏人是不会改好的。有时候，我简直怀疑，天地间是否有一种叫做“坏人基因”的东西？可惜没有一个生物学家或生理学家提出过这种理论。我但愿有一个坏人改变一下，改恶从善，堵住我的嘴。

第六章 没有真情不动笔

我觉得，一个作家最重要的品德是爱祖国，爱人民，爱人类。在这三爱的基础上，那些皇皇巨著才能有益于人，无愧于己。我的中心想法是不要骗自己，不要骗读者。做到这一步，是有德；否则就是缺德。写什么东西，自己首先要相信。自己不相信而写出来的要读者相信，不是缺德又是什么呢？自己不懂而写出来要读者懂，不是缺德又是什么呢？

第七章 知识分子的阴影

几千年的历史可以证明，中国知识分子最关心时事，最关心政治，最爱国。这最后一点，是由中国历史环境所造成的。在中国历史上，没有哪一天没有虎视眈眈伺机入侵的外敌。历史上许多赫然有名的皇帝，都曾受到外敌的欺侮。老百姓更不必说了。存在决定意识，反映到知识分子头脑中，就形成了根深蒂固的爱国心。

第八章 不完满才是人生

每个人都争取一个完满的人生。然而，自古及今，海内海外，一个百分之百完满的人生是没有的。所以我说，不完满才是人生。

第一章

天地一行客

我从来不相信什么神话，但是现在我真想相信起来，我真希望有一个天国，希望在辽阔无垠的宇宙中间还能有那么一块干净的地方，能容得下一个阆苑乐土。那里有四时不谢之花、八节长春之草，大地上一切花草的魂魄都永恒地住在那里，随时、随地都是花团锦簇，五彩缤纷。

四季感怀

古人诗："镇日寻春不见春，芒鞋踏破垅头云。归来笑拈梅花嗅，春到枝头已十分。"诗人的春天是嗅出来的。在过去的九十年中，我大概每年都通过我的某一个感官，感知春天的到来，心中充满了喜悦和光明，眼前有无限的希望。

每到春天，我走在树下，眼前无藤萝，心中也无藤萝。然而一股幽香蓦地闯入鼻官，嗡嗡的蜜蜂声也袭入耳内，抬头一看，在一团团的绿叶中——根本分不清哪是藤萝叶，哪是其他树的叶子——隐约看到一朵朵紫红色的花，颇有万绿丛中一点红的意味。直到此时，我才清晰地意识到这一棵古藤的存在，顾而乐之了。

二月兰是一种常见的野花。花朵不大，紫白相间。花形和颜色都没有什么特异之处。如果只有一两棵，在百花丛中，决不会引起任何人的注意。但是它却以多胜，每到春天，和风一吹拂，便绽开了小花；最初只有一朵，两朵，几朵。但是一转眼，在一夜间，就能变成百朵，千朵，万朵，大有凌驾百花之势了。

我们常讲什么什么花"怒放"，这个"怒"字用得真是无比地奇妙。二月兰一"怒"，仿佛从土地深处吸来了一股原始力量，一定要把花开遍大千世界，紫气直冲云霄，连宇宙都仿佛变成紫色的了。

朝阳越升越高，透过浓密的枝叶，一直照到我的头上。我心中一动，阳光好像有了生命，它启迪着什么，它暗示着什么。我忽然想到印度大诗人泰戈尔，每天早上对着初升的太阳，静坐沉思，幻想与天地同体，与宇宙合一。我从来没达到这样的境界，我没有这一份福气。可是我也感到太阳的威力，心中思绪腾翻，仿佛也能洞察三界，透视万有了。

我常常一个人在暮春五月到山上去散步。暖烘烘的香气飘拂在我的四周。人同香气仿佛融而为一，忘记了花，也忘记了自己。

有池塘就应当有点绿的东西，哪怕是芦苇呢，也比什么都没有强。最好的最理想的当然是荷花。

月很明，西山顶上有一片火，大概是野火吧，熠耀着，微微地发红。自一下楼就看到了，沿着生物馆后的马路走向西门，随时抬头可以看到这片火。出了校门，在影绰绰的树的顶上，又看到这片火。沿着校外的大路走回来，走到宿舍门口的时候，西山顶上的火还在亮着，而且更亮了。我笑着说："这是上帝给我的启示，我的 inspiration[1]。"

晚饭之后，早已过了黄昏时分。我们走出校门，走到唯一的一条横贯全镇的由南向北的大路上，想领略一下古镇傍晚的韵味。此时，全镇一片黢黑，不见一个人影，没有一丝光亮。黑暗仿佛凝结成了固体，伸手可摸。仰望天空，没有月亮，群星似更光明。身旁大树的枝影撑入天空，巍然，森然。万籁俱寂，耳中只能听到远处泉声潺湲。我想套用一句唐诗："泉响山愈静。"在这样的情况下，我真仿佛远离尘境，遗世而独立了。我们在学校的一座小楼上住了一夜。这是我一生最难忘的一夜。

---

[1] inspiration：灵感。

燕园幽思

将近四十年来，我一直住在燕园中、未名湖畔，我那记忆的丝缕用不着再挂在未名湖上。然而，那些被铲除的可爱的花草时来入梦。我那些本来应该投闲置散的回忆的丝缕又派上了用场。它挂在苍翠繁茂的爬山虎上，芳香四溢的丁香花上，红绿皆肥的西府海棠上，葳蕤茂密的藤萝花上。这样一来，我就同那些离开母校的校友一样，也梦萦未名湖了。

茫茫燕园中，只剩下了幽径的这一棵藤萝了。它成了燕园中藤萝界的鲁殿灵光。每到春天，我在悲愤、惆怅之余，唯一的一点安慰就是幽径中这一棵古藤。每次走在它下面，嗅到淡淡的幽香，听到嗡嗡的蜂声，顿觉这个世界还是值得留恋的，人生还不全是荆棘丛。其中情味，只有我一个人知道，不足为外人道也。

当我从外面走回宿舍的时候，四周死一般沉寂，但总仿佛有悉索的脚步声绕在我四围。说声，其实哪里有什么声呢？只是我觉得有什么东西跟着我而已，倘若在白天，我一定说这是影子；倘若睡着了，我一定说这是梦，究竟是什么呢？我知道，这是寂寞。

院子里的两棵海棠已经密密层层地盖满了大叶子，很难令人回忆起这上面曾经开过团团滚滚的花。长昼无聊，我躺在铺在屋里面地上的席子上睡觉，醒来往往觉得一枕清凉，非常舒服。抬头看到窗纸上历历乱乱地布满了叶影。我间或也坐在窗前看点书，满窗浓绿，不时有一只绿色的虫子在上面慢慢地爬过去，令我幻想深山大泽中的行人。蜗牛爬过的痕迹就像是山间林中的蜿蜒的小路。就这样，自己可以看上半天。

晚上吃过饭后，就搬了椅子坐在海棠树下乘凉，从叶子的空隙处看到灰色的天空，上面嵌着一颗一颗的星。结在海棠树与檐边中间的蜘蛛网，借了星星的微光，把影子投在天幕上。一切都是这样静。这时候，自己往往什么都不想，只让睡意轻轻地压上眉头。等到果真睡去半夜里再醒来的时候，往往听到海棠叶子窸窸窣窣地直响，知道外面下雨了。

履痕处处

我们看到了鲁迅祖母给他讲故事的地方，看到长妈妈在上面睡成一个“大”字的大床，看到鲁迅抄写《南方草木状》用的桌子，也看到鲁迅小时候的天堂——百草园。这都是一些普普通通的东西和地方，一点也看不出有什么神奇之处。但是，我却觉得这都是极其不平常的东西和地方。这里的每一块砖、每一寸土、桌子的每一个角、椅子的每一条腿，鲁迅都踏过、摸过、碰过。我总想多看这些东西一眼，在这些地方多流连一会。

在我心目中，他（鲁迅）仿佛成了一块铁，一块钢，一块金刚石。刀砍不断，石砸不破，火烧不熔，水浸不透。他的身影突然大了起来，凛然立于宇宙之间，给人带来无限的鼓舞与力量。

今天到了西安，只要稍一留意，就会发现到处都是唐诗的遗迹。谁到了灞桥，到了渭水，到了那一些什么“原”，不会立刻就联想到唐代许多脍炙人口的诗句呢？西安简直是一座诗歌的城市，一座历史传说的城市，一座立即让人发思古之幽情的城市。

最初的声音很低，微微有点颤动，然而却柔婉得像秋空的流云，像春水的细波，像一切说都说不出的东西。转了几转以后，渐渐地高起来了。每一行不平常的诗句里都仿佛加入了许多新东西，加入了无量更不平常的神秘的力量。仿佛有一颗充满了生命力的灵魂跳动在里面，连我自己的渺小的灵魂也仿佛随了那大灵魂的节律在跳动着。我眼前诗人的影子渐渐地大起来，大起来，一直大到任什么都看不到。

我的眼睛仿佛得到了天眼通的神力，穿透了巍峨的高山，看到富春江上。我的耳朵仿佛得到了天耳通的神力，听到富春江上。缥碧的江水，流在我眼前。竞上的寒树，绿在我眼前。泠泠的泉水，响在我耳边。嘤嘤的好鸟，唱在我耳边。中间混合上猿猴的哀鸣，寒蝉的嘒声，汇成了钧天大乐；再衬上青山绿水，辉耀震荡着整个宇宙。我自己现在仿佛不是坐在车上，而是坐在船上；我仿佛化成了另外一个自我了。

阳光毫无遮拦地照射在这些砂粒上，每一粒都闪闪发光，仿佛在喷着火焰。远处是一列不太高的山，这就是那有名的火焰山。上面没有一点绿的东西，没有一点有生命的东西。石头全是赤红色的，从远处望过去，活像是熊熊燃烧着的火焰，这不是人间的火，也不是神话中的天堂里的火和地狱之火。这是火焰已经凝固了的火，纹丝不动，但却猛烈；光焰不高，但却团聚。整个天地，整个宇宙仿佛都在燃烧。我们就处在上达苍穹下抵黄泉的大火之中。

在短短的几天之内，我仿佛漫游了天堂、净土，漫游了阴司、地狱，漫游了古代世界，漫游了神话世界，走遍了三千大千世界，攀登神山须弥山，见到了大梵天、因陀罗，同四大天王打过交道，同牛首马面有过会晤，跋涉过迢迢万里的丝绸之路，漂渡烟波浩渺的大海大洋，看过佛爷菩萨的慈悲相，听维摩诘的辩才无碍，我脑海里堆满色彩缤纷的众生相，错综重叠，突兀峥嵘，我一时也清理不出一个头绪来。

在短短几天之内，我仿佛生活了几十年。在过去几十年中，对于我来说是非常抽象的东西，现在却变得非常具体了。这包括文学、艺术、风俗、习惯、民族、宗教、语言、历史等等领域。我从前看到过唐代大画家阎立本的帝王图，李思训的金碧山水，宋朝米襄阳米点山水，明朝陈老莲的人物画，大涤子的山水画，曾经大大地惊诧于这些作品技巧之完美，意境之深邃，但在敦煌壁画上，这些都似乎是司空见惯，到处可见。而且敦煌壁画还要胜它们一筹：在这里，浪漫主义的气氛是非常浓的。有的画家竟敢画一个乐队，而不画一个人，所有的乐器都系在飘带上，飘带在空中随风飘拂，乐器也就自己奏出声音，汇成一个气象万千的音乐会。

这陵墓是用一块块白色大理石堆砌起来的。但是，无论从远处看，还是从近处看，却丝毫也看不出堆砌的痕迹，它浑然一体，好像是一块完整的大理石。多少年来，我看过无数的泰姬陵的照片和绘画；但是却没有看到有任何一幅真正的照出、画出泰姬陵的气势来的。

只有你到了泰姬陵跟前，站在白色大理石铺的地上，眼里看到的是纯白的大理石，脚下踩的是纯白的大理石；陵墓是纯白的大理石，栏杆是纯白的大理石，四个高塔也是纯白的大理石。你被裹在一片纯白的光辉中，翘首仰望，纯白的大理石墙壁有几十米高，仿佛上达苍穹。在这时候，你会有什么样的感觉，我不知道。反正我自己仿佛给这个白色的奇迹压住了，给这纯白的光辉网牢了，我想到了苏东坡的词："琼楼玉宇，高处不胜寒。”我自己仿佛已经离开了人间，置身于琼楼玉宇之中。有人主张，世界上只有阴柔之美和阳刚之美。把二者融合起来成为浑然一体的那种美，只应天上有。我眼前看到的就是这种天上的美。

生命冥想

我从来不相信什么神话。但是现在我真想相信起来，我真希望有一个天国。可是我知道，须弥山已经为印度人所独占，他们把自己的天国乐园安放在那里。昆仑山又为中国人所垄断，王母娘娘就被安顿在那里。我现在只能希望在辽阔无垠的宇宙中间还能有那么一块干净的地方，能容得下一个阆苑乐土。那里有四时不谢之花、八节长春之草，大地上一切花草的魂魄都永恒地住在那里，随时、随地都是花团锦簇，五彩缤纷。我们燕园中被无端砍伐了的西府海棠的魂灵也遨游其间。

朦胧，微明，正像反射在镜子里的影子，它给一切东西涂上银灰的梦的色彩。牛乳色的空气仿佛真牛乳似的凝结起来。但似乎又在软软地黏黏地浓浓地流动里。它带来了阒静，你听：一切静静的，像下着大雪的中夜。但是死寂么？却并不，再比现在沉默一点，也会变成坟墓般地死寂。仿佛一点也不多，一点也不少，优美的轻适的阒静软软地黏黏地浓浓地压在人们的心头，灰的天空像一张薄幕；树木，房屋，烟纹，云缕，都像一张张的剪影，静静地贴在这幕上。

在这微白的长长的路的终点，在雾的深处，谁也说不清是什么地方，有一个充满了威吓的黑洞，在向我们狞笑，那就是我们的归宿。障在我们眼前的幕，到底也不会撤去。我们眼前仍然只有当前一刹那的亮，带了一个大混沌，走进这个黑洞去。

我总觉得，在无量的——无论在空间上或时间上——宇宙进程中，我们有这次生命，不是容易事；比电火还要快，一闪便会消逝到永恒的沉默里去。我们不要放过这短短的时间，我们要多看一些东西。就因了这点小小的愿望，我想到外国去。

我看了在豆棚瓜架下闲话的野老，看了在一天工作疲劳之余在门前悠然吸烟的农人，都引起我极大的向往。我真不愿意离开这故国，这故国每一方土地，每一棵草木，都能给我温热的感觉。但我终于要走的，沿了自己在心里画下的一条路走。我只希望，当我从异邦转回来的时候，我能看到一个一切都不变的故国，一切都不变的故乡，使我感觉不到我曾这样长的时间离开过它，正如从一个短短的午梦转来一样。

天地萌生万物，对包括人在内的动植物等有生命的东西，总是赋予一种极其惊人的求生存的力量和极其惊人的扩展蔓延的力量，这种力量大到无法抗御。只要你肯费力来观摩一下，就必然会承认这一点。现在摆在我面前的就是我楼前池塘里的荷花。自从几个勇敢的叶片跃出水面以后，许多叶片接踵而至。一夜之间，就出来了几十枝，而且迅速地扩散、蔓延。不到十几天的工夫，荷叶已经蔓延得遮蔽了半个池塘。从我撒种的地方出发，向东西南北四面扩展。我无法知道，荷花是怎样在深水中淤泥里走动。反正从露出水面的荷叶来看，每天至少要走半尺的距离，才能形成眼前这个局面。

我百思不得其解，徘徊在丝瓜下面，像达摩老祖一样，面壁参禅。我仿佛觉得这棵丝瓜有了思想，它能考虑问题，而且还有行动，它能让无法承担重量的瓜停止生长；它能给处在有利地形的大瓜找到承担重量的地方，给这样的瓜特殊待遇，让它们疯狂地长；它能让悬垂的瓜平身躺下。如果不是这样的话，无论如何也无法解释我上面谈到的现象。但是，如果真是这样的话，又实在令人难以置信。丝瓜用什么来思想呢？丝瓜靠什么来指导自己的行动呢？上下数千年，纵横几万里，从来也没有人说过，丝瓜会有思想。我左考虑，右考虑；越考虑越糊涂。我无法同丝瓜对话。这是一个沉默的奇迹。瓜秧仿佛成了一根神秘的绳子，绿叶上照旧浓翠扑人眉宇。我站在丝瓜下面，陷入梦幻。而丝瓜则似乎心中有数，无言静观，它怡然泰然悠然坦然，仿佛含笑面对秋阳。

它们鼓动了我当时幼稚的幻想，把我带到动物的世界里，植物的世界里，月的国，虹的国里去翱翔。不止一次地，我在幻想里看到生着金色的翅膀的天使在一团金色的光里飞舞。终于自己也仿佛加入到里面去，一直到忘记了哪是天使，哪是自己。这些天使们就这样一直陪我到梦里去。

当时对我来说，外语是一种非常神奇的东西。我认为，方块字是天经地义，不用方块字，只弯弯曲曲像蚯蚓爬过的痕迹一样，居然能发出音来，还能有意思，简直是不可思议。越是神秘的东西，便越有吸引力，英文对于我就有极大的吸引力。……每次回忆学习英文的情景时，我眼前总有一团零乱的花影，是绛紫色的芍药花。原来在校长办公室前的院子里有几个花畦，春天一到，芍药盛开，都是绛紫色的花朵。白天走过那里，紫花绿叶，极为分明。到了晚上，英文课结束后，再走过那个院子，紫花与绿叶化成一个颜色，朦朦胧胧的一堆一团，因为有白天的印象，所以还知道它们的颜色。但夜晚眼前却只能看到花影，鼻子似乎有点花香而已。这一幅情景伴随了我一生，只要是一想起学习英文，这一幅美妙无比的情景就浮现到眼前来，带给我无量的幸福与快乐。

在我们的日常生活中，我们都有这样一个经验：越是看惯了的东西，便越是习焉不察，美丑都难看出。这种现象在心理学上是容易解释的：一定要同客观存在的东西保持一定的距离，才能客观地去观察。难道我们就不能有意识地去改变这种习惯吗？难道我们就不能永远用新的眼光去看待一切事物吗？我想自己先试一试看，果然有了神奇的效果。我现在再走过荷塘看到槐花，努力在自己的心中制造出第一次见到的幻想，我不再熟视无睹，而是尽情地欣赏。槐花也仿佛是得到了知己，大大小小、高高低低的洋槐，似乎在喃喃自语，又对我讲话。周围的山石树木，仿佛一下子活了起来，一片生机，融融氤氲。荷塘里的绿水仿佛更绿了；槐树上的白花仿佛更白了；人家篱笆里开的红花仿佛更红了。风吹，鸟鸣，都洋溢着无限生气。一切眼前的东西联在一起，汇成了宇宙的大欢畅。

第二章

怀旧净化灵魂

我知道，原始人是颇为相信文字的神秘力量的，我从来没有这样相信过。但是，我现在宁愿做一个原始人，把我的悲痛和怀念转变成文字，也许这悲痛就能突然消逝掉，还我心灵的宁静，岂不是天大的好事吗？

永远的母亲

回忆和怀旧能净化人的灵魂。

我一生不知道写过多少篇关于母亲的文章了，我也不知道有多少次在梦中同母亲见面了；但我在梦中看到的只是一个迷离的面影，因为母亲确切的模样我实在记不清了。今天我来到这里，母亲就在我眼前，只隔着一层不厚的黄土，然而却人天悬隔，永世不能见面了，我的眼泪夺眶而出，滴到了眼前的香烛上。我跪倒在母亲墓前，心中暗暗地说："娘啊，这恐怕是你儿子今生最后一次来给你扫墓了。将来我要睡在你的身旁！"

她怎么就会死了呢？绝不会的，绝不会舍了我走了的。

我仍然不时想到我的母亲——不知为什么，我老不相信她是死了。她不会死的，绝不会！在这以前，我脑筋里从来没有她会死的概念。

离别了八年以后，我最爱的母亲突然离开了人世，走了。这对我是一个空前绝后的打击。我从遥远的故都奔丧回家。我真想取掉自己的生命，追陪母亲于地下。我们家住在村外，家中只有母亲一人。现在人去屋空。我每天在村内二大爷家吃过晚饭，在薄暮中拖着沉重的步子，踽踽独行，走回家来。大坑里的水闪着白光。柴门外卧着一团黑乎乎的东西，是陪伴母亲度过晚年的那一只狗。现在女主人一走，没人喂食。它白天到村内不知谁家蹭上一顿饭（也许根本蹭不上），晚上仍然回家，守卫着柴门，决不离开半步。它见了我，摇一摇尾巴，跟我走进院子。屋中正中停着母亲的棺材，里屋就是我一个人睡的土炕。此时此刻，万籁俱寂，只有这一条狗，陪伴着我，为母亲守灵。我心如刀割，抱起狗来，亲它的嘴，久久不能放下。人生至死，天道宁论！在茫茫宇宙间，仿佛只剩下我和这一条狗了。

在我灵魂深处，我对母亲之死抱终天之恨，没有任何仙丹妙药能使它消泯。

“长夜漫漫何时旦？”我却盼望天赶快亮。然而，我立刻又想到，我只是一次度过这样痛苦的漫漫长夜，母亲却度过了将近三千次。这是多么可怕的一段时间啊！在长夜中，全村没有一点灯光，没有一点声音，黑暗仿佛凝结成为固体，只有一个人还瞪大了眼睛在玄想，想的是自己的儿子。伴随她的寂寥的只有一个动物，就是篱笆门外静卧的那一条老狗。

我从来不信什么轮回转生；但是，我现在宁愿信上一次。我已经九十岁了，来日苦短了。等到我离开这个世界以后，我会在天上或者地下什么地方与母亲相会，趴在她脚下的仍然是这一条老狗。

授业恩师

陈寅恪先生的分析细入毫发，如剥蕉叶，愈剥愈细愈剥愈深，然而一本实事求是的精神，不武断，不夸大，不歪曲，不断章取义。他仿佛引导我们走在山阴道上，盘旋曲折，山重水复，柳暗花明，最终豁然开朗，把我们引上阳关大道。读他的文章，听他的课，简直是一种享受，无法比拟的享受。

有一年的春天，中山公园的藤萝开满了紫色的花朵，累累垂垂，紫气弥漫，招来了众多游人和蜜蜂。我们一群弟子们，记得有周一良、王永兴、汪篯等，知道（陈寅恪）先生爱花，现在虽患目疾，迹近失明；但据先生自己说，有些东西还能影影绰绰看到一团影子。大片藤萝花的紫光，先生或还能看到。而且在那种兵荒马乱、物价飞涨、人命微浅、朝不虑夕的情况下，我们想请先生散一散心，征询先生的意见，他怡然应允。

我们真是大喜过望，在来今雨轩藤萝深处，找到一个茶桌，侍先生观赏紫藤。先生显然兴致极高。我们谈笑风生，尽欢而散。我想，这也许是先生在那样的年头里最愉快的时刻。

他（陈寅恪先生）决不是一个“闭门只读圣贤书”的书呆子，他继承了中国“士”的优良传统：天下兴亡，匹夫有责。从他的著作中也可以看出，他非常关心政治。他研究隋唐史，表面上似乎是满篇考证，骨子里谈的都是成败兴衰的政治问题，可惜难得解人。

如果我还有什么优点的话，那就是，没有真感情，我不写回忆文章。但是，在那个时代，真感情都会被归入“小资产阶级”的范畴，而一旦成了“小资产阶级”，则距离“修正主义”只差毫厘了。我没有这个胆量，所以就把对锡予（汤用彤，字锡予）先生怀念感激之情，深深地埋在我的心灵深处。

他（汤用彤先生）面容端严慈祥，不苟言笑，却是即之也温，观之也诚，真蔼然仁者也。先生虽留美多年，学贯中西，可是身着灰布长衫，脚踏圆口布鞋，望之似老农老圃，没有半点“洋气”，没有丝毫教授架子和大师威风。我心中不由自主地油然而生幸福之感，浑身感到一阵温暖。

古人说："人生得一知己足矣。"我不敢谬托自己是锡予先生的知己，我只能说锡予先生是我的知己。

胡（也频）先生是有社会经历的人，他应该知道其中的利害。可是他也毫不在乎。只见他那清瘦的小个子，在校内课堂上，在那座大花园中，迈着轻盈细碎的步子，上身有点向前倾斜，匆匆忙忙，仓仓促促，满面春风，忙得不亦乐乎。他照样在课堂上宣传他的"现代文艺"，侃侃而谈，视敌人如草芥，宛如走入没有敌人的敌人阵中。

在他（西谛先生[1]）身上，看不到半点儿教授架子；他也没有一点儿论资排辈的恶习。他自己好像并不觉得比我们长一辈，他完全是以平等的态度对待我们。他有时就像一个大孩子，不失其赤子之心。他说话非常坦率，有什么想法就说了出来，既不装腔作势，也不以势吓人。他从来不想教训人，任何时候都是亲切和蔼的。当时流行在社会上的那种帮派习气，在他身上也找不到。只要他认为有一技之长的，不管是老年、中年还是青年，他都一视同仁。因此，我们在背后就常常说他是一个宋江式的人物。

---

[1] 郑振铎先生。

在课堂上他（俞平伯先生）选出一些诗词，自己摇头晃脑而朗诵之。有时闭上了眼睛，仿佛完全沉浸于诗词的境界中，遗世而独立。他蓦地睁大了眼睛，连声说："好！好！好！就是好！"学生正在等他解释好在何处，他却已朗诵起第二首诗词来了。昔者晋人见好山水，便连声唤"奈何！奈何！"。仔细想来，这是最好的赞美方式。因为，一落言筌，便失本意，反不如说上几句"奈何！"更具有启发意义。平伯先生的"就是好！"可以与此等量齐观。

（叶）公超先生教学法非常奇特。他几乎从不讲解，一上堂，就让坐在前排的学生，由左到右，依次朗读原文，到了一定段落，他大声一喊："Stop[1]！"问大家有问题没有。没人回答，就让学生依次朗读下去，一直到下课。学生摸出了这个规律，谁愿意朗读，就坐在前排，否则往后坐。有人偶尔提一个问题，他断喝一声："查字典去！"这一声狮子吼有大威力，从此天下太平，宇域宁静，相安无事，转瞬过了一年。

[1] Stop：停下。

大师肖像

有一次，理发师正给芝生先生（冯友兰先生）刮脸，郑先生站在旁边起哄，连声对理发师高呼："把他的络腮胡子刮掉！"理发师不知所措，一失手，真把胡子刮掉一块。这时候，郑先生大笑，旁边的人也陪着哄笑。然而芝生先生只是微微一笑，神色不变，可见先生的大度包容的气概。

他（冯友兰先生）坚持真理，修正错误，不惜以今日之我非昨日之我，经常在修订他的《中国哲学史》，我说不清已经修订过多少次了。我相信，倘若能活到一百零八岁，他仍然是要继续修订的。只是这一点精神，难道还不值得我们认真学习吗？

他（老舍先生）的语言生动幽默，是地道的北京话，间或也夹上一点山东俗语。他没有许多作家那种忸怩作态让人读了感到浑身难受的非常别扭的文体，一种新鲜活泼的力量跳动在字里行间。

有一天，我到东安市场北门对门的一家著名的理发馆里去理发，猛然瞥见老舍先生也在那里，正躺在椅子上，下巴上白糊糊的一团肥皂泡沫，正让理发师刮脸。这不是谈话的好时机，只寒暄了几句，就什么也不说了。等我坐到椅子上时，从镜子里看到他跟我打招呼，告别，看到他的身影走出门去。我理完发要付钱时，理发师说：老舍先生已经替我付过了。这样芝麻绿豆的小事殊不足以见老舍先生的精神，但是，难道也不足以见他这种细心体贴人的心情吗？

一个人除非万不得已决不会自己抛掉自己的生命。印度梵文中“死”这个动词，变化形式同被动态一样。我一直觉得非常有趣，非常有意思。印度古代语法学家深通人情，才创造出这样一个形式。死几乎都是被动的。有几个人主动地去死呢？老舍先生走上自沉这一条道路，必有其不得已之处。

她当时极年轻，而名满天下。我们是慕名而去的。冰心先生满脸庄严，不苟言笑，看到课堂上挤满了这样多学生，知道其中有“诈”，于是威仪俨然地下了“逐客令”：“凡非选修此课者，下一堂不许再来！”我们悚然而听，憬然而退，从此不敢再进她讲课的教室。四十多年以后，我同冰心重逢，她已经变成了一个慈祥和蔼的老人，由怒目金刚一变而为慈眉菩萨。

我觉得，在所有的并世的作家中，文章有独立风格的人并不多见。除了鲁迅先生之外，就是从文先生。他的作品，只要读上几行，立刻就能辨认出来，决不含糊。他出身湘西的一个破落小官僚家庭，年轻时当过兵，没有受过多少正规的教育。他完全是自学成家。湘西那一片有点神秘的土地，其怪异的风土人情，通过沈先生的笔而大白于天下。

就在这一次吃饭时，有一件小事给我留下了深刻的印象。当时要解开一个用麻绳捆得紧紧的什么东西。只需用剪子或小刀轻轻地一剪一割，就能开开。然而从文先生却抢了过去，硬是用牙把麻绳咬断。这一个小小的举动，有点粗劲，有点蛮劲，有点野劲，有点土劲，并不高雅，并不优美。然而，它却完全透露了沈先生的个性。在达官贵人、高等华人眼中，这简直非常可笑，非常可鄙。可是，我欣赏的却正是这一种劲头。我自己也许就是这样一个“土包子”，虽然同那一些只会吃西餐、穿西装、半句洋话也不会讲偏又自认为是“洋包子”的人比起来，我并不觉得低他们一等。

平心而论，（胡）乔木虽然表现上很严肃，不苟言笑，他实则是一个正直的人，一个正派的人，一个感情异常丰富的人，一个脱离了低级趣味的人。六十年的宦海风波，他不能无所感受，但是他对我半点也没有流露过。他大概知道，我根本不是此道中人，说了也是白说。在他生前，大陆和香港都有一些人把他封为“左王”，另外一位同志同他并列，称为“左后”。我觉得，乔木是冤枉的。他哪里是那种有意害人的人呢？

他（胡适先生）从来就不是国民党员。他对国民党并非一味地顺从。他服膺的是美国的实验主义，他崇拜的是美国的所谓民主制度。只要不符合这两个尺度，他就挑点小毛病，闹着独立性。对国民党也不例外。

我认为胡适是一位非常复杂的人物，他反对共产主义，但是拿他那一把美国尺子来衡量，他也不见得赞成国民党。在政治上，他有时候想下水，但又怕湿了衣裳。他一生就是在这种矛盾中度过的。

一个学者的为人和为学两者之间有矛盾。有的人为学能实事求是，朴实无华，而为人则诡谲多端，像神龙一般，令人见首不见尾。另外一些人则正相反，为学奇诡难测，而为人则淳朴坦荡。我觉得，在了一先生（王力先生）身上，为人与为学则是完全统一的。他真正是文如其人，或者人如其文。

我认为，在他（冯至先生）身上，作为学者和作为诗人是密不可分的。过去和现在都有专门的诗人和专门的学者，身兼二者又达到相当高的水平的人，却并不多见。冯先生就是这样一个人。作为学者，他仍然饱含诗人气质。

他（冯至先生）以诗人研究诗人，研究仿佛就成了创作，他深入研究对象的灵魂，他能看到或本能地领悟到其他学者们看不到更领悟不到的东西，而又能以生花妙笔著成文章，同那些枯涩僵硬的高头讲章迥异其趣，学术论著本身就仿佛成了文学创作，诗意弥漫，笔端常带感情。读这样的学术论著，同读文学作品一样，简直是一种美的享受。

我确实认为，冯（至）先生是人文难分。他为人一向淳朴、正直、坦荡、忠实，待人以诚，心口如一。我简直无法想象会有谎言从他嘴里流了出来。他说话从不夸大，也不花哨；即之也温，总给人以实事求是的印象，而且几十年如一日，真可谓始终如一了。

他（张岱年先生）奖掖后学，爱护学生，极有正义感，对任何人都不阿谀奉承，凛然一身正气，又决不装腔作势，总是平等对人。这样多的优秀品质集中到一个人的身上，再加上真正淡泊名利，唯学是务，在当今士林中，真堪为楷模了。

（周）一良出自名门世家，家学渊源，年幼时读书条件好到无法再好的水平。因此，他对中国古典文献，特别是史籍，都有很深的造诣。他曾赴日本和美国留学，熟练掌握英日两国语言，兼又天资聪颖，个人勤奋，最终成为一代学人，良有以也。中年后他专治魏晋南北朝史，旁及敦煌文献、佛教研究，多所创获。巍然大师，海内无出其右者。

他（周一良先生）的学术风格，我可以引汤用彤先生两句话。有一天，汤先生对我说："周一良的文章，有点像陈寅恪先生。"可见锡予先生对他评价之高。在那一段非常时期，他曾同人合编过一部《世界通史》。这恐怕是一部"应制"之作，并非他之所长。但是统观全书，并不落俗人窠臼，也可见他史学功底之深厚。可惜由于各种各样的原因，他长才未展，他留下的几部专著，决不能说已尽其所长，我只能引用唐人诗句：“长使英雄泪满襟”了。

（臧）克家天生是诗人，脑中溢满了感情，尤其重视友谊，视朋友逾亲人。好朋友到门，看他那一副手欲舞足欲蹈的样子，真令人心旷神怡。他里表如一，内外通明。你无论如何也不会想到有半句假话会从他的嘴中流出。

巴金老人离开我们，走了，永远永远地走了。此事本在意内，因为他因病卧床不起有年矣。但又极出意外，因为，只要他还有一口气活着，一盏明灯就会照亮中国的文坛，鼓励人们前进，鼓励人们向上。

后死者之痛

我知道，原始人是颇为相信文字的神秘力量的，我从来没有这样相信过。但是，我现在宁愿做一个原始人，把我的悲痛和怀念转变成文字，也许这悲痛就能突然消逝掉，还我心灵的宁静，岂不是天大的好事吗？

世人都认为长寿是福，我也不敢否认。但是，看到比自己年轻的老友一个个先我离去。他们成了被哀悼者，我却成了哀悼者。被哀悼者对哀悼这种事情大概是不知不觉的。我这哀悼者却是一个活生生的人，七情六欲，件件不缺。而我又偏偏是一个极重感情的人。我内心的悲哀实在不足为外人道也。

如果她（留德所遇的伊姆加德小姐）还留在人间的话，恐怕也将近古稀之年了。而今我已垂垂老矣。世界上还能想到她的人恐怕不会太多。等到我不能想到她的时候，世界上能想到她的人，恐怕就没有了。

我们（我与李长之）相交七十余年，生不能视其疾，死不能临其丧，我的心能得安宁吗？呜呼！长才未展，命途多舛；未臻耄耋，遽归道山。我还没有能达到“悲欢离合总无情”的水平。我年纪越老，长之入梦的次数越多。我已年届九旬，他还能入梦多少次啊！悲哉！

他（冯至先生）虽然还活着，然而已经不能睁眼，不能说话。我顿感，毕生知己又弱一个。我坐在会客室里，泪如泉涌，我准备放声一哭。他的女儿姚平连声说：“季伯伯！你不要难过！”我调动起来了自己所有剩余的理智力量，硬是把痛哭压了下去。脸上还装出笑容，甚至在泪光中做出笑脸。只有我一个人知道：我的泪都流到肚子里去了。为了冯至先生，我愿意把自己泪库中的泪一次提光，使它成为我一生中最后的一次痛哭。

有的人说：“死人活在活人的记忆里。”俊之（章用先生）就活在我的记忆里。只是为了这，我也要活下去。当然这回忆对我是一个无比的重担；但我却甘心肩起这一份重担，而且还希望能肩下去，愈久愈好。

从表面上来看，这（“后死者”）只是一个非常普通的词儿。但仔细一探究，却觉其含义深刻，令人回味无穷。对已死的人来说，每一个活着的人都是一个“后死者”。可这个词儿里面蕴含着哀思、回忆，抚今追昔，还有责任、信托。已死者活在后死者的记忆中，后者有时还要完成前者未竟之业，接过他们手中曾握过的接力棒，继续飞驰，奔向前方，直到自己不得不把接力棒递给自己的“后死者”，自己又活到别人回忆里了。

我觉得回忆是粉红色的网，从里面筛出来的东西，都带色香气。没有回忆，人便不能活下去，对年的回忆尤其美丽。

第三章

谈佛论道

我缺少慧根，毕生同佛教研究打交道，却不能成为真正的佛教信徒。但是，我对佛教的最基本教义万有无常（sarvam anityam）却异常信服。我认为，这真正抓住了宇宙万有的根本规律，是谁也否定不掉的。

信　仰

我尊重世界上一切正大光明的宗教的信徒，也尊重他们的宗教。因为，我认为，人与人是不相同的。有的人有宗教需要，有的人就没有，决不能是此而非彼，厚此而薄彼。

总起来看，小的宗教，比如会道门一类，是容易消灭的。成为燎原之势的大宗教则几乎无法消灭。即使消灭，也必然有其他替代品。举一个具体的例子，佛教原产生于印度和尼泊尔，现在在印度它实际上几乎不存在了。

对世界上的任何宗教，只要认真地用科学方法加以探讨，则会发现它的教义与仪规都有一个历史发展过程，都有其产生根源，都是人制造成的，都是破绽百出，自相矛盾的，有的简直是非常可笑的。因此，研究越深入，则信仰越淡薄。如果一个研究者竟然相信一种宗教，这件事情本身就说明，他的研究不实事求是，不够深入，自欺欺人。

在世界上所有的国家中，解决宗教需要与生产力发展之间的矛盾最成功的国家是日本。他们把佛的一些清规戒律加以改造，以适应社会生产力的发展，结果既满足了宗教需要，又促进了生产力的发展，成为世界上的科技大国。日本著名学者中村元博士说："在日本，佛教的世俗性或社会性是十分显著的。"日本佛教之所以能够存在而且发展，原因正在于这种世俗性或社会性。

按照世界宗教史上的一般规律，宗教都是具有排他性的。在这里，原因并不像一般人所相信的那样是由于宗教信仰和学说的不同。如果这样说，那只是皮毛之论。关键是经济利益。打击别人，争取信徒，也就是争取布施，争取庙产。

文化交流

从整个世界自古至今文化发展的情况来看，一个文化，不管在某一时期内发展得多么辉煌灿烂，如果故步自封，抱残守缺，又没有外来的新成分注入，结果必然会销声匿迹，成为夏天夜空中的流星。

佛教是从印度传到中国来的。中国人接受了这一个外来的宗教以后，并不是墨守成规、原封不动地把它保留了下来，而是加以改造和提高，加以发扬光大，在传播流通过程中，形成了许多宗派。总起来看，在律的方面——僧伽组织方面的改变，比起在教义方面的改变与发展，要少一些，要不太引人注目一些。在佛教义理方面，中国高僧在几百年上千年的钻研与学习中，有了很多新的发展，有的又"倒流"回印度，形成了我所说的"佛教的倒流"。

佛教几乎影响了中华文化的各个方面，给它增添了新的活力，促其发展，助其成长。

有的史学家形象地说，在古代印度没有年代的一片黑暗中，有一根闪光的柱子，这就是释迦牟尼的生卒年代。确定了这个年代，以前以后的几件大事的年代的确定就都有了可靠的依据，因而才真正能谈到历史。而释迦牟尼年代的确定，中国载籍起了很大的作用，《大唐西域记》对于确定佛陀生卒年月也起过作用。

统观《大唐西域记》全书，包括了一百多个“国”，玄奘的记述有长有短，但是不管多么短，他的记述似乎有一个比较固定的全面的章法：幅员大小、都城大小、地理形势、农业、商业、风俗、文艺、语言、文字、货币、国王、宗教等等，这些方面几乎都要涉及。当时和今天要想了解这个“国”，除了以上这些方面，还要了解些什么呢？他能用极其简洁的语言描绘大量的事实，不但确切，而且生动。所以，我们可以说，玄奘是一个运用语言的大师，描绘历史和地理的能手，而《大唐西域记》是一部稀世奇书，其他外国人的著作是很难同这一部书相比的。

玄奘这个人和他这一部书，对加强中印两国人民的传统友谊和互相学习、互相了解已经起了而且还将继续起不可估量的作用。玄奘的大名，在印度几乎是妇孺皆知，家喻户晓。正如我写到的：他已经成了中印友好的化身。至于《大唐西域记》这一部书，早已经成了研究印度历史、哲学史、宗教史、文学史等等的瑰宝。

看过榕树的人都知道，从树干上长出一些树根，下垂至地，又在地中生根，然后长成一棵树，又在自己的干上长出细根，下垂至地，如此循环往复，一棵榕树能长出成百上千棵榕树，甚至让人摸不清究竟哪一棵树是初原的树，哪一些树是派生的树。只有这样生长的榕树，才能在一棵树下荫覆五百辆车而有余。在榕树这里，根干与枝叶互为因果，难解难分。用这样的榕树来比喻作为根干的印度佛法与作为枝叶的东夏佛法之间互为因果的关系，难道不是一个非常聪明、含义又非常深刻的比喻吗？

我们不是也关心中国人同印度人的思维方式、心理状态等的区别究竟何在的问题吗？《含光传·系》对于这个问题提出了下面的意见：“盖东人之敏利，何以知耶？秦人好略，验其言少而解多也。西域之人淳朴，何以知乎？天竺好繁，证其言重而后悟也。由是观之，西域之人利在乎念性，东人利在乎解性也。”这一段话的意思就是说，中国人敏利，言少而解多；印度人淳朴而好繁。最早的佛经，连篇累牍，动辄数十万甚至数百万言，同样的话能一字不移地一再重复，因此说“言重”。……我猜想，佛典产生在发明文字之前，师徒口耳相传，为了加强记忆，才采用了重复的办法，否则实在难在理解。

我们讲“文化交流”，其中“交”字是关键。既然说“交”，就不会是向一个方向流，形成了所谓 one-way traffic[1]，而是相向地流，这才是真正的“交流”。一方的新东西、新思想、新科技等等流向另一方。另一方的新东西、新思想、新科技等等也流向这一方。有时候，流过来的东西，经过这一方的改造、加工、发展、提高，又流了回去。如此循环往复，无休无止，一步比一步提高，从而促进了人类文化的发展，以及人类社会的进步。这种流出去又流回来的现象，我称之为“倒流”。

[1] one-way traffic：单行线。

智慧

我缺少慧根，毕生同佛教研究打交道，却不能成为真正的佛教信徒。但是，我对佛教的最基本教义万有无常（sarvam anityam）却异常信服。我认为，这真正抓住了宇宙万有的根本规律，是谁也否定不掉的。

有的人说，世界上没有一个宗教不是悲观主义的；但是，像佛教这样彻底的悲观，还是绝无仅有的。我认为，这种说法是很有见地的。

佛教梵语基本上是梵文但又掺杂了不少古代方言的文字。在小乘向大乘过渡的期间，或者在我称之为“原始大乘佛教”的期间，许多佛典都是用这种文字写成的。有的佛典原来是用纯粹方言写成的，随着“梵文的复兴”以及一些别的原因，佛典文字方言成分逐渐减少，而梵文成分则逐渐增多，于是就形成了所谓“佛教梵语”。

我是尝试着通过语言现象来探寻一部经典的产生的时代和地区。根据我个人的经验，这是行之有效的办法，而且是证据确凿的，别人想否定也是不可能的。印度古代的众多方言，即云方言，必然具有地域性，而且这地域性表现得十分明显，阿育王在印度许多地方竖立的石碑和石柱，上面的铭文明确无误地指明了方言的地域性，是最有价值的参照资料。

原始佛教不允许比丘们使用梵文来学习佛教教义，它也没有规定哪一种语言做为标准语言；它允许比丘们用自己的方言来学习佛所说的话。

据我们现在的推测，佛典形成的过程大概应该是这样的：佛陀本人不会有什么著作，这一点是可以肯定的。但是他却不可能没有一些常说的话，佛典里面有关十二因缘的那一段经文可能就属于这一类。当时没有书籍，学习经典都是师傅口授，弟子口学。最初口授口学的一定就是佛陀经常所说的一些话；因为这些话一听再听，一传再传，就比较牢固地印在徒弟们的记忆里，时间一长，就形成了佛典的基础。在这个基础上，随着时代的推移，一代一代的师傅和徒弟逐渐增添上一些新的东西，到了编纂写定的时候，已经是一部比较大的书了。

既然佛陀本人，以及佛教初期那些大师都是东部人，说的是东部的话，最初这一部佛典，也就是我们所谓的原始佛典，也就应该是用东部方言写成的。

一部用东部方言，更具体一点说，就是用古代半摩揭陀语写成的佛典曾经存在过。这就是所谓原始佛典。后来佛教其他宗派的经典，巴利文佛典也包括在内，都是或多或少地从这一部佛典里演变出来的；最古的那一部分甚至可以说是翻译过来的。

提婆达多在律的方面提出了五法，与释迦牟尼针锋相对。在教义方面，反对轮回，也是针锋相对。这两个方面大概都具有极大的吸引力。否则就无法解释，为什么在释迦牟尼和提婆达多逝世后一千二三百年在印度竟然到处都还有不食乳酪的提婆达多的信徒。提婆达多派显然在佛教发展史上形成了一股强大的力量，与释迦牟尼的正统力量相对立。如果说释迦牟尼派是佛教发展的主潮的话，那么提婆达多派就是一股潜流。

“菩提”（bodhi）这个字的词根是√budh，意思是“觉，醒”。Buddha（佛陀，佛）这个字也源于√budh，加上过去分词语尾 ta，变成了 buddha，意思是“觉悟了的人”，“觉者”。√budh 的抽象名词就是 bodhi，意思是“觉”，音译“菩提”。

“浮屠”这名称从印度译过来以后，大概就为一般人所采用。当时中国史家记载多半都用“浮屠”。其后西域高僧到中国来译经，才把“佛”这个名词带进来。范蔚宗搜集的史料内所以没有“佛”字，就因为这些史料都是外书。“佛”这名词在那时候还只限于由吐火罗文译过来的经典中。以后才渐渐传播开来，为一般佛徒，或与佛教接近的学者所采用。最后终于因为它本身有优越的条件，战胜了“浮屠”，并取而代之。

顿悟较之渐悟大大有利，要渐悟，就得有时间，还要耗费精力，这当然会同物质生产发生矛盾，影响生产力的发展。顿悟用的时间少，甚至可以不用时间和精力。只要一旦顿悟，洞见真如本性，即可立地成佛。人人皆有佛性，连十恶不赦的恶人一阐提也都有佛性。甚至其他生物都有佛性。这样一来，满足宗教信仰的需要与发展生产力之间的矛盾就一扫而光了。

从宗教意义上来看什么叫做“觉”呢？根据佛教最原始

的理论，所谓“十二因缘”，一个人（或其他生物）总是处在生死流转中的，只有认识了这个根本理论，认识了“无明”（avidyā）是十二因缘之首，他就算是“觉”了，算是得道了，成佛了。因此，梵文 bodhi 这个词儿所蕴含的意义，与中国的“道”完全不同。它要解决的问题，不是现世的，不是眼前的，而是来生来世无数生死流转的。

我觉得，佛教似乎是一个唯理的宗教，讲求义理的宗教，不要求信徒盲目崇拜的宗教，不禁锢信徒们的思想的宗教。

古代印度有一个传统，宗教与哲学紧密地结合在一起。大乘佛教继承而且发扬了这个传统。大乘还提倡逻辑学，所谓因明学者就是。在这里大乘唯理的色彩也表现得很突出。这样的情况就促使佛教产生了大量的经典。经、律、论，样样齐全。有的部派还有自己的经典。结果在两千多年的发展中，佛教的经典就多到了超过汗牛充栋的程度。而且佛教同另外两个世界大宗教不同，始终也没有确定哪一部经典是圣经宝典，唯我独尊。所有的经典都并肩存在、庞然杂陈。这些经典通常称为“大藏经”。

历史不断发展，不断地融入，这是没有时间界限的。儒家、道家是传统文化，佛家也是啊，把佛家排除在外，是不对的。

低层次的佛教烧香拜佛，修庙塑像，信徒们相信轮回报应，积德修福，只要念几声："南无佛，南无法，南无观世音菩萨"，或者单纯一声："阿弥陀佛！"就算完成了任务，不必深通佛教义理，宗教需要也能得到满足。但是，这并不是佛教的全貌，只是低层次的佛教。高层次的佛教信徒，虽也难免晨钟暮鼓，烧香礼拜；但是他们的重点是钻研佛教义理，就像一个哲学家钻研哲学。

我认为，佛教有宏大的思想宝库，又允许信徒们在这一座宝库内探讨义理。有探讨义理的自由，才能谈到发展。有了发展，才会有"倒流"现象。

关于道家向佛家靠拢，甚至取媚于佛家的说法很多，都是道家片面地一厢情愿地捏造出来的。

我们从这个"道"字可以看出来，中国这个宗教要解决的是现实的问题，今世的问题，不是神话的问题，来世的问题。道家这种精神，同儒家精神是完全一致的。孔子说："未知生，焉知死！"这是一脉相承的中国精神。后来道家发展成为道教，也不过是想长生不死，白昼升天而已。

一般人总是把生与死绝对对立起来。但是，中国古代的道家却主张“万物方生方死”，把生与死辩证地联系在一起，而且准确无误地道出了生即是死的关系。

天国入门券

佛教在中国的发展是一个非常有意义的研究课题，公元前传入中国以后，经历了试探、适应、发展、改变、渗透、融合许许多多阶段，最终成为中国文化、中国思想的一部分。

佛经梵文原本最初没有写本，全凭记忆，一直到法显时代基本上还是这样子。所以，有时先要有一个人口诵，另外一个人或者第三个人先依其所诵写成梵字或胡字，然后才加以翻译。

中国僧人或者居士前此往西域求法者，颇亦有人。但是他们多半只到了西域而止。在法显前真正亲临天竺者，实如凤毛麟角。在这样的情况下，到了晋末宋初，就掀起了一个西行求法的运动。中国僧人西行求法者，或意在搜寻经典，或旨在从天竺高僧受学，或欲睹圣迹，作亡身之誓，或想寻求名师来华。

我在这里专谈一谈《法显传》对印度的影响。众所周知，印度古代缺少真正的史籍，这一点马克思曾指出来过。因此，研究印度古代历史，必须乞灵于外国的一些著作，其中尤以中国古代典籍最为重要，而在这些典籍中，古代僧人的游记更为突出。僧人游记数量极多，而繁简不同，时代先后不同。《法显传》是最古的和最全的之一,一向被认为与唐玄奘的《大唐西域记》和义净的《大唐西域求法高僧传》《南海寄归内法传》鼎足而三。研究印度古代史的学者，包括印度学者在内，都视之为瑰宝。有一位著名的印度史学家曾写信说：“如果没有法显、玄奘和马欢的著作，重建印度历史是不可能的。”

在佛经翻译史上，玄奘可以说是开辟了一个新的时代。他怀着一腔宗教的虔诚，总结了在他以前几百年翻译工作的经验，创立了一种前所未有的新的译风。他的译风，既非直译，也非意译，而是融会直意自创新风。在中国翻译史上达到了一个新的高峰，开辟了一个新的时代。

禅宗源于北魏菩提达摩，盛于唐，先流行于庾岭、广东、湖南、江西，然后遍及全国，流行时间最长，实际上已成为一个呵佛骂祖的宗派，已成为佛教的对立面，简直已经不是佛教了。

我们可以得出一个结论：一个宗派流行时间的长短是与它们中国化的程度成正比的。谁的天国入门券卖得便宜，谁就能赢得群众，就能得到统治者的支持。反之，就不能。

天国入门券，越卖越便宜。法相宗的入门券卖得贵了一点，所以买的人就少。它以后的华严宗和禅宗，就便宜得多。华严宗宣扬，进入佛国不必努力苦修，不必等到遥远的将来，只要在眼前改变一下对现实世界的看法，立刻就可以成佛。禅宗的“放下屠刀，立地成佛”是最有名的，也是最简便便宜的。禅宗流行的时间特别长，地域特别广，难道是偶然的吗？

玄奘和他创立的法相宗，既反对小乘那样把天国的入门券卖得太贵，也反对大乘空宗那样连天国都要空掉。他追随印度瑜伽行者派的学说，坚持五种姓的主张，就是说，人们对佛理的接受与实践是各不相同的。他反对道生主张的、有《涅槃经》作根据的一切众生皆有佛性的说法。

玄奘虽然在成佛的道路上多少设置下了一些障碍，但是他在印度寻求解决佛性问题的结果却是：在当世即可成佛。从他自己的经历中也可以看出这一点。

玄奘在佛教哲学方面，基本上继承了印度大乘有宗的传统，他比较忠实地把这一派学说介绍到中国来，形成了中国佛教的一个宗派——法相宗。不过，玄奘毕生致力的是翻译工作，自己写的著作不多，法相宗理论的奠基人应该说是他的弟子窥基。

禅宗，虽然名义上是菩提达摩从印度传到中国来的，但是实际上是在中国发展起来的一个佛教宗派，流行的时间最长，最富于中国色彩。永觉禅师拜谒禅宗六祖慧能，二人耍开了机锋。永觉从中悟得大道（觉）。

六祖连声高呼："善哉！善哉！"《证道歌》中的思想大概也不出中国禅宗的这一套东西。这一套东西印度人可能是陌生的，认为是莫测高深的。因而《证道歌》终于在唐玄宗时期（八世纪）传回了印度，为那里的人所"亲仰"。

第四章

西方不亮东方亮

东西方文化的关系是“三十年河东，三十年河西”。以中国文化为基础的东方文化，曾在世界上占主导地位。资本主义兴起以后，西方文化取代了东方文化，垄断世界达数百年之久。现在似乎是渐渐成了强弩之末，济其穷者必然是而且也只有东方文化。

东方西方

自从人类有历史以来，共形成了四个文化体系：一、中国文化；二、印度文化；三、从古代希伯来起经过古代埃及、巴比伦以至伊斯兰阿拉伯文化的闪族文化；四、肇端于古代希腊、罗马的西方文化。这四个文化体系又可以划分为两大文化体系：东方文化和西方文化。前三者属于东方文化，第四个属于西方文化。

一部人类文化史告诉我们，几千年来人类发展的文化不外两大体系，一个是东方文化，一个是西方文化。东西方文化的关系是“三十年河东，三十年河西”。以中国文化为基础的东方文化，曾在世界上占主导地位。资本主义兴起以后，西方文化逐渐取代了东方文化，垄断世界达数百年之久。现在似乎是渐渐成了强弩之末，济其穷者必然是而且也只有东方文化。

我发现，在这个地球村中，每一个时代都有自己的政治经济文化中心，有的在东方，有的在西方，存在的时间长短不一，影响的程度也深浅不一。而这个中心不是一成不变的，而是有规律地变动着。拿最近几百年的世界史来看，就可以看出下面的规律：十七、十八世纪，它是在欧洲大陆法、德等国，十九世纪在英国，二十世纪在美国，二十一世纪按规律应该在中国。所以我说：二十一世纪将是中国人民的世纪。

我的意思并不是要铲除或消灭西方文化。不是的，完全不是的。那样做，是绝对愚蠢的，完全做不到的。西方文化迄今所获得的光辉成就，决不能抹煞。我的意思是，在西方文化已经达到的基础上，更上一层楼，把人类文化提高到一个前所未有的高度。

弘扬东方文化的目的，不仅是为了中国，更是着眼于世界，把全人类的文化提高一步。若干年以后，东方文化一定会将人类的文化提高到一个更高的水平。

我大胆地说一句：人类文化一萌芽，就有互相学习，也就是交流的活动。到了后来，一部人类文化史证明了一件事实：没有文化交流，就没有人类文化史。文化交流是人类文化发展的动力。

英国历史学家汤因比（Toynbee）在他的巨著《历史研究》（*Historical Studies*）中，把人类在几千年的历史上所创造的文明归纳为二十三种或二十六种。意思就是说，任何文明都不能万岁千秋，永存不朽。这个观点是符合人类历史发展情况的。我归纳了一下，认为人类的文明或者文化大体上有五个阶段：诞生，成长，繁荣，衰竭，消逝。这种消逝不是毫不留踪迹地消失了，而是留有踪迹的，踪迹就存在于接它的班的文化中。这其实也是一种文化融合；但却不是对等的，而是有主有从的。

我觉得，思想家就是洞明世事，练达人情的人。他们不发玄妙莫测的议论，不写恍兮惚兮的文章，更不幻想捏成什么哲学体系。他们说的话都是中正平和的，人人能懂的。可是让人看了以后，眼睛立即明亮，心头涣然冰释，觉得确实是那么一回事。

东方的思维模式是综合的，西方的思维模式是分析的。勉强打一个比方，我们可以说：西方是“一分为二”，而东方则是“合二而一”。再用一个更通俗的说法来表达一下：西方是

“头痛医头，脚痛医脚”，“只见树木，不见森林”，而东方则是“头痛医脚，脚痛医头”，“既见树木，又见森林”。说得再抽象一点：东方综合思维模式的特点是，整体概念，普遍联系；而西方分析思维模式则正相反。

我认为，西方自古希腊起走的就是一条分析的道路，可以三段论法为代表，其结果是，只见树木，不见森林；头痛医头，脚痛医脚。东方的综合，我概括为八个字：整体概念，普遍联系。有点模糊，而我却认为，妙就妙在模糊。

西方的思维方式，分析的思维方式，表现得最清楚的是古希腊亚里士多德的逻辑思想，它的形式逻辑是以矛盾律和排中率[1]两个公理为基础的。它认为，在同一个时间内，A不能既是X又不是X。模糊逻辑扬弃了亚里士多德的绝对教条，建立了更复杂的多评价系统。这种模糊逻辑现在已经应用到许多东西上，包括电视机、洗衣机等等，等等，连制定规划等工作也使用了模糊数学，而且都已获得了成功。

人类的意识真能清清楚楚地、泾渭分明地划分为三个整整

[1] 排中律。

齐齐的层次吗？这是办不到的。反不如根据接近于东方的综合思维方式的新兴的模糊理论，来阐释人类意识的层次，这样更能接近客观事实。

分析道路是能达到真理的一条道路。过去西方科学的发展已经证明了这一点。但是，这一条道路的弊端也已微露端倪，必须济之以另外一条道路，也就是综合的道路，庶能超越已出现的弊端而达到崭新的辉煌。

意的层次是无穷无尽模糊不清的。外化为言，言的层次也是无穷无尽模糊不清的。此外还有言时的一些外在条件，比如眼神、手势、脸部表情、声音高低、疾徐等等。化为文字也有许多外在条件。这样的言，听到别人耳中，看在别人眼中，听的人和读的人，又要根据各自不同的经验，来加以体会，加以了解。这样一来，听者和读者体会到的和了解到的东西，同原来说者和写者所要想表达的意，绝对不可能完全符合。这是一个典型的模糊关系。从这个观点上来看哲学家们争论不休的“言意之辨”，颇有点庸人自扰的味道。最好了之以模糊理论，这样反而能使天下太平。

既然能搞“西化”，为什么就不能搞“东化”呢？

我的基本观点是：第一，汉语语法的研究必须改弦更张。第二,《中国通史》必须重写。第三,《中国文学史》必须重写。第四，中国文艺理论必须使用中国国有的术语，采用同西方不同的判断方法，这样才能在国际学坛上发出声音。第五，中国美学研究必须根本“转型”。第六，我认为，西方的基本思维模式是分析的，而中国或其他东方国家的则是综合的。第七，西方处理人与大自然的关系的“征服”手段是错误的；中国的“天人合一”的观点是正确的。第八，西方的科学技术，在为世界人民谋福利的同时，产生了众多弊端甚至灾害。现在如仍不悬崖勒马，则人类生存的前途必受到威胁。第九，东方文化与西方文化的关系是“三十年河东，三十年河西”。

中西融会，龙虫并雕。

天人合一

我们中国讲人与自然应该和谐相处，就是“天人合一”。“天人合一”这个词儿在中国哲学史上是很重要的一个词儿，大家对它的解释很不一样。这是我的一个解释：天就是大自然，人就是人类。大自然与人类要和谐统一，不要成为敌人。

我们有一种“天人合一”的理想，自先秦起就有，而且不限于一家，其后绵延未断。宋朝大哲学家张载有两句话，说得最扼要，最准确：“民，吾同胞；物，吾与也。”“与”的意思是伙伴，“物”包括动物和植物。我们的生活来源都取之于大自然，而我们不把大自然看作敌人，而看作朋友。将来全世界的人都必须这样做，然后西方文化所产生的那些弊端才能逐渐克服。

我虔诚希望，我们人类要同大自然成为朋友，不要再视它为敌人，成了朋友以后，再伸手向它要衣、要食，要一切我们需要的东西。

人类的衣食住行所有的资料都取自大自然，我们向大自然索取是不可避免的。关键是，怎样去索取？索取手段不出两途：一用和平手段，一用强制手段。我个人认为，东西文化之分野，就在这里。

从全世界范围来看，在西方文化主宰下，生态平衡遭到破坏，酸雨到处横行，淡水资源匮乏，大气受到污染，臭氧层遭到破坏，海、洋、湖、河、江遭到污染，一些生物灭种，新的疾病冒出等等，威胁着人类的未来发展，甚至人类的生存。这些灾害如果不能克制，则用不到一百年，人类势将无法生存下去。这些弊害目前已经清清楚楚地摆在我们眼前，哪一个人敢说这是危言耸听呢？

我有一个公式：人类在大自然面前翘尾巴的高度与人类前途的危险性成正比。尾巴翘得越高，危险性越大。

二十一世纪将是中国文化（东方文化的核心）复兴的世纪。现在世界上出现了许多影响人类生存前途的弊端，比如人口爆炸，大自然被污染，生态平衡被破坏，臭氧层被破坏，粮食生产有限，淡水资源匮乏，等等，这只有中国文化能克服，这就是我的最后信念。

中国历代还有一种说法，就是所谓“天子”，说皇帝是上天的儿子。这种说法对皇帝和臣民都有好处。皇帝以此来吓唬老百姓，巩固自己的地位。臣下也可以适当地利用它来给皇帝一点制约，比如利用日食、月食、彗星出现等等“天变”来向皇帝进谏，要他注意修德，要他注意自己的行动。这对人民多少有点好处。

现在事实已经证明了，这位“赛先生”（科学）确实获得了一部分成功，获得了一些真理，这是不能否认的。但是，通向真理的道路，并不限于这一条。东方的道路也同样能通向真理。

中华文化的特性

多少年以来，总有一个问题萦回在我的心中：什么是中华民族最优秀的传统？几经思考的结果，我认为是爱国主义。我们是唯物主义者，不能说，中国人天生就是爱国的。存在决定意识，必须有一个促成爱国主义的环境，我们才能有根深蒂固的爱国主义。只要看一看我们几千年的历史，这样的环境立即呈现在我们眼前。在几千年的历史中，我们始终没有断过敌人，东西南北，四面都有。虽然有的当年的敌人今天可能已融入中华民族之中；但是在当年，他们只能算是敌人。

“一分为二”这个命题，大概是受到了原子分裂的影响，是专门指物质的东西的，因此同物质是否能够永远分裂这个问题相联系。关于这个问题有两派意见，一肯定，一否定。二者也都是学术问题，可以讨论的。让我大大地吃了一惊的是，

“一分为二”的提出者竟然引用了庄子的“一尺之棰，日取其半，万世不竭”的说法，来为自己的命题护航。稍稍思考一下，就能够分辨出，“一分为二”的基础是物理概念，而庄子的说法是一个数学概念，二者泾渭分明，焉能混淆！

正如我的老师——清华大学陈寅恪教授曾经说过的，《白虎通》当中的“三纲六纪”是中国文化的精华。什么叫“三纲”呢？就是君臣、父子、夫妇。他讲的当然是君为臣纲，父为子纲，夫为妻纲。这里边有糟粕，如夫妻应该是平等的，怎么男人成了女人的纲了呢？这个我们先不讲它。“六纪”，一是诸父，就是父亲的兄弟姊妹；二是兄弟；三是族人；四是诸舅，就是母亲家的人；五是师长；六是朋友。他说，这“三纲六纪”是中国文化的中心，我看他的话很有道理。因为人类自有社会以来，必然要有一种规则来维系，不然的话社会就乱七八糟。

“礼义廉耻，国之四维”。就是说，礼义廉耻是国家的四个支柱。除了这个提法外，古人还提出了“孝悌忠信，礼义廉耻”等说法，意思都差不多。

把“孝”这个词翻译为英语，用一个词翻译不出来，得用两个词。什么原因呢？因为虽然不能说外国没有孝，但是孝并非作为一个很重要的概念，所以译过去就得用两个词。英文里面两个什么词呢？就是儿女的“虔诚”与“尊敬”，而在中文中光一个“孝”就够了。这就说明“孝”这个词有中国的特点。

在我所知道的世界语言中，只有汉文把“恩”与“师”紧密地嵌在一起，成为一个不可分割的名词。这只能解释为中国人最懂得报师恩，为其他民族所望尘莫及的。

我们过去曾实行鲁迅所说的“拿来主义”，拿来了许多外国的好东西，今后我们还将继续去拿。但是，为了世界人类的幸福和前途，不管这些“天之骄子”们愿意不愿意来拿我们中国的好东西，我们都要想方设法实行“送去主义”，我们要“送货上门”。

在鸦片战争以前，我们根本不了解自己，也不了解世界大势，昏昏然，懵懵然，盲目狂妄自大，以天朝大国自居，夜郎之君、井底之蛙，不过如此。现在读一读当时中国皇帝写给欧洲一些国家的君主的所谓诏书，那种口吻、那种气派，真令人啼笑皆非，不禁脸上发烧。

鸦片战争中国的统治者碰得头破血流，在殖民主义者面前节节败退，中国人最重视的所谓“面子”，丢得一干二净。他们于是来了一个一百八十度的大转变，一变而向“洋鬼子”低首下心，奴颜婢膝，甚至摇尾乞怜。上行下效，老百姓也受了影响，流风所及，至今尚余音袅袅，不绝如缕。

我个人认为，鸦片战争是一个转折点。在这之前，西方人看待中国同那以后是根本不同的。在那以前，西方人认为中国是智慧之国，文化之邦，中国的一切都是美好的，令人神往的。

美的差异

我的总印象（只能算是印象）是：近代美学在中国是一个“舶来品”，中国近现代的美学家过多地倚靠、信任、追随西方美学家，亦步亦趋，甚至拾人牙慧。他们似乎忘记了一个基本事实：中国人心目中的美同西方人不完全一样。作为一个中国美学家，首先应该研究中国的美，这是责无旁贷的事。

西方的美重点在眼睛和耳朵，他们美学家研究的对象重点是音乐、绘画、雕塑等等。中国的美则涉及眼、耳、鼻、舌、身等五官。

“美”这个字，根据外语教学与研究出版社《汉英词典》，英文是 beautiful，pretty，good，very satisfactory，be pleased with oneself。其中最重要的是前二者，都与眼睛有关。因为中国有

“美酒”“美食”“美餐”等等一系列与舌头有关的说法，不得不加上 good 一个解释。“美酒”只能译为 good wine，“美食”“美餐”只能译为 good food 或 tasty food 和 table delicacies，决不能译为 beautiful food。这只是一个极其简单明了的例子，其他的例子还有不少。总之，中国人的“美”与西方人的“美”不完全相同。中国的美学家研究美学，决不应忘记了自己。换言之，中国美学家不应当囿于眼睛和耳朵，而应当延伸到五官，其中最主要的是舌头。

中国的“味”和印度的 rasa，含义或引申义并不相同，但是，二者都同出于舌头，而不像西方那样审美对象只限于眼之所见和耳之所闻。其中必有原因。

文论有别

西方文论学家企图把一篇文学作品加以分析、解剖，给每一个被分析的部分一个专门名词，支离繁琐。而东方的以中国文论家为代表的文论家则从整体出发，把他们从一篇文学作品中悟出来的道理或者印象，用形象化的语言，来给它一个评价，比如“清新庾开府，俊逸鲍参军”，对李白则称之曰“飘逸豪放”，对杜甫则称之为“沉郁顿挫”，如此等等，例子不胜枚举，这是两种截然不同的文论话语，想把它们融会在一起，不亦难乎！至于这两种话语哪一个更好，我无法回答。我是不薄西方爱东方，就让这两种话语并驾齐驱，共同发展下去吧。

王静安《人间词话》说：“‘红杏枝头春意闹’，著一‘闹’字而境界全出。‘云破月来花弄影’，著一‘弄’字而境界全出矣。”这类有关“炼”字的论述，古代文论中极多。

西方写散文和写诗，使用的词儿有时也会不相同的，其中也有“炼”的意味，但不像中国这样严重而已。在中国类似的例子还可以举出许多来，仅就大家所熟知的例子就有“春风又绿江南岸”中的“绿”字，也可以说：“著一‘绿’字而境界全出。”“先生之德，山高水长”改一个字，把“德”改为“风”，则意味迥乎不同。至于“池塘生青草”这样传颂千古的名句，若译为西文，则必平淡枯燥，让西方人大惑不解。唐代王维的诗，与此句有相通之处。我个人认为，这是中国诗歌与禅趣密切相连的表现，只能意会，不能言传，一落言筌，立即失色。

我闲常考虑一个问题：为什么在中国文学批评史上，除了《文心雕龙》《诗品》等少数专门著作之外，竟没有像西方那样有成套成套的专门谈文艺理论的著作？中国的文艺理论实际上是历史悠久，内容丰富，而又派别繁多，议论蜂起的。许多专家的理论往往见之于诗话（词话）中，不管什么“神韵说”“性灵说”“肌理说”“境界说”等等，都见之于诗话中；往往是简简单单的几句话，而内容却包罗无穷。

中国这些话语，表面上看起来似乎很笼统，很不确切，有人可能认为是不“科学”——我坦白承认，我从前就属于这类人——很模糊。我现在却认为，妙就妙在模糊上。模糊能给人以整体概念和整体印象。这样一来，每个读者都有发挥自己想象力和审美能力的完全的自由，海阔天空，因人而异，每个人都能够得到自己那一份美感享受，不像西方文论家那样，对文学作品硬作机械的分析，然后用貌似谨严、“科学”的话语，把自己的意见表达出来，牵着读者的鼻子走，不给读者以发挥自己想象力的自由。如果给点自由的话，也绝不会太多。

中国与印度

我多年以来就考虑一个问题：从宏观方面来看，中印文化似同属于一个大体系，东方文化体系，与西方文化体系相抗衡。中印文化相同之处，有的出自互相学习，有的则不一定。

中国管大自然或者宇宙叫“天”，而印度则称之为“梵”（brahman）。中国的“人”，印度称之为“我”（Ātman，阿特曼）。总起来看，中国讲“天人”，印度讲“梵我”，意思基本上是一样的。印度古代哲学家有时候用 tat（等于英文的 that）这个字来表示“梵”。梵文 tatkartṛ。表面上看是“那个的创造者”，意思是“宇宙的创造者”。印度古代很有名的一句话 tat tvam asi，表面上的意思是“你就是那个”，真正的含义是“你就是宇宙”（你与宇宙合一）。宇宙，梵是大我；阿特曼，我是小我。

糖本是一件小东西，然而在它身上却驮着长达一千多年的中印两国文化交流的历史。

印度的寓言故事，不但见于《伊索寓言》中，也见于许多欧洲古代和近代的书中，比如《十日谈》《拉芳丹寓言》《格林童话集》等等。关于这个问题，欧洲学者们是有争论的。一派主张原产于希腊，另一派主张原产于印度。尽管他们的看法不同，但是有一点是相同的，他们承认这些寓言故事不是独立产生的，而是互相学习的。至于这些寓言故事的原产地究竟是希腊还是印度，我是主张：绝大部分源于印度。有什么证明呢？众所周知，印度在文艺创作方面是有一些特点的，印度人民比较富于幻想力。

《五卷书》在印度传本甚多，传播的地区很广，传播的时间很长。其中的寓言故事绝大部分都是民间故事，是老百姓创造出来的。以后，各个宗教都利用这些故事为宣扬自己的教义服务。有一些文人学士也在不同时期采用不同的形式，把这些故事搜集起来，加以整理、编写，写成了不同的书。《五卷书》是其中最著名最有代表性的一部。这一部书最晚的一个本子是公元十二世纪才纂成的。最早的本子始于何时，现在还说不清，恐怕要早上几百年，近千年。六世纪时，《五卷书》被译成了巴列维语。由巴列维语转译成阿拉伯语和古代叙利亚语。这个巴列维语译本现在已经佚失。但是根据这个译本而译出来的阿拉伯语译本却以《卡里来和笛木乃》的名字成为《五卷书》走遍了全世界的阶梯。

世界上的民族，不管皮肤是什么颜色，不管天南地北，从一千多年以来，不知道有多少千万人听过《五卷书》里的故事了。从这里他们得到了他们所需要的快乐。它把人们从现实的纷扰里带到一个童话的国土里去。在这里一切都是自由的，一切都是活生生的。人与兽和谐地住在一起。连山林树石小河都仿佛有了生命，到处流动着一片生机。人们平常时候被抑压下去的幻想在这里又抬起头来，他们又可以到月的国，虹的国，兽的国，甚至植物的国里去遨游。他们的心灵又可以得到暂时的解放。等他们再回到现实世界里来的时候，虽然现实世界仍然是现实世界，仍然是死板纷乱；但他们的心灵究竟解放过一次，他们又有了生力来担当这些死板和纷乱了。世界上还有第二本书有这样的力量吗？

不能否认孙悟空与《罗摩衍那》的那罗与哈奴曼等猴子的关系，那样做是徒劳的。但同时也不能否认中国作者在孙悟空身上有所发展、有所创新，把印度神猴与中国的无支祁结合了起来，再加以幻想润饰，塑造成了孙悟空这样一个勇敢大胆、敢于斗争、生动活泼的、为广大人民所喜爱的艺术形象。

故事传布愈广，时间愈长，演变也就愈大；但无论演变到什么程度，里面总留下点痕迹，让人们可以追踪出它们的来源来。正像孙悟空把尾巴变成旗杆放在庙后面一样，杨二郎一眼就可以看出来，这座庙是猴儿变的。

中印两国同样都用“韵”字来表示没有说出的东西、无法说出的东西、暗示的东西。这是相同的一面。但是，在印度，dhvani 这个字的含义，从“韵”发展到了“暗示”。而在中国，“韵”这个字，虽然也能表示无法说出的东西，同“神”字联在一起能表示“暗示”的含义，却从来没有发展到直截了当地表示“暗示”的程度。这是不同的一面，我们必须细心注意。

这个理论（“诗的灵魂”的理论）的轮廓大体如下。词汇有三重功能，能表达三重意义：一、表示功能——表示义（字面义，本义）；二、指示功能——指示义（引申义，转义）；三、暗示功能——暗示义（领会义）。以上三个系列又可以分为两大类：说出来的，包括一和二；没有说出来的，包括三，在一和二也就是表示功能和指示功能耗尽了表达能力之后，暗示功能发挥作用。这种暗示就是他们所谓的“韵”。

《韵光》第一章说：可是领会义，在伟大诗代的语言（诗）中，却是〔另外一种〕不同的东西；这显然是在大家都知道的肢体（成分）以外的〔不同的东西〕，正像女人中的（身上的）美一样。这种暗示功能、暗示义（领会义）有赖于读者的理解力和想象力，可能因人而异，甚至因时因地而异，读者的理解力和想象力在这里有极大的能动性，海阔从鱼跃，天空任鸟飞，这也许就是产生美感的原因。这种暗示就是这一批文艺理论家的所谓韵（dhvani）。在审美活动过程中，审美主体的主观能动性发挥得越大，他就越容易感到审美客体美。这就是“韵”的奇妙作用。韵是诗的灵魂。

他们把诗分为三个层次：第一，真诗，以没有说出来的东西也就是暗示的东西为主；第二，价值次一等的诗，没有说出来的只占次要地位，只是为了装饰已经说出来的东西；第三，没有价值的诗，把一切重点都放在华丽语言上，放在雕琢堆砌上。在这里，可以说是层次分明，没有说出来的暗示的东西，其价值超过说出来的东西，在说出来的东西中词藻雕饰最无价值。

在中国禅宗史上，几乎所有的大师在说法和行动中，都不直接地把想要说的意思表达出来，而是用一声断喝，或者当头一棒，或者说一些“干屎橛”一类的介于可解与不可解之间的话，来做出暗示，让自己的学生来参悟。在这里，关键在于听者或受者，老师说出来的或者做出来的，只是表面现象。没有说出来的或做出来的才是核心，才是精神，这样的核心和精神需要学生自己去顿悟。断喝一声有大道，一句干屎橛中有真理，这很有点像诗的神韵。

汉文“韵”字，从形体结构上来看，从偏旁“音”来看，它是表示声音的，与意义无关，至少关系不大。《文心雕龙》卷七《声律》第三十三：“异音相从谓之和，同声相应谓之韵。”《文镜秘府·四声论》引作：“异音相慎（顺）谓之和，同声相应谓之韵。”范文澜《文心雕龙注》说：“异音相从谓之和，指句内双声叠韵及平仄之和调；同声相应谓之韵，指句末所用之韵。”总之，和与韵都指声音之和谐。和谐同美有联系，所以“韵”字也有“美”的意思，“好”的意思，“风雅”的意思。《世说新语》：“道人蓄马不韵”，可以为证。用“韵”字组成的复合词很多，比如“韵宇”“韵度”“韵事”“风韵”“韵致”等等，都离不开上面说的这几种意思。我个人以为，其原因就在于用声音表示“和谐”这个概念，最为具体，最容易了解。

讲到书名，印度的命名原则又与中国有惊人的相似之处，真不能不发人深思了。我先举几个例子。七世纪的檀丁有《诗镜》，十二世纪的罗摩月和德月有《舞镜》，十四世纪的毗首那他有《文镜》。用“镜”字来命书名的作法，立刻就让我们想到中国的《杜诗镜铨》《格致镜原》一类的书名。十三世纪的沙罗达多那耶有《情光》，胜天有《月光》，都用“光”字来命名。十五世纪的般努达多有《味河》，十七世纪的世主有《味海》，还有著名的《故事海》等等，都用“河”“海”等字眼来命书名。至于用“花鬘”“花簇”等字眼命名的书，更是车载斗量。比如安主的《婆罗多花簇》《罗摩衍那花簇》《大故事花簇》，还有般努达多的《味花簇》等等。类似这样的例子还很多，我们不一一列举了。怎样来解释中国和印度这样的书名呢？我认为，也同样用韵的理论、神韵的理论、暗示的理论。我以上举出的这许多书名也同样可以分解为两个部分：说出来的和没有说出来的。镜、光、河、海、花鬘、花簇、苑、珠、林、楫等等，都是说出来的东西，实有的具体的东西。它们之所以被用来命书名，实际上与这些具体的东西无关，而只是利用它们所暗示的东西，也就是没有说出来的东西。

印度人没有空间和时间观念。永恒同一刹那，宇宙同一个小点，在他们看来都没有多大差别。因而印度几乎可以说没有真正的历史。

一走到幻想的王国里，他们就显出了自己的身手，仿佛是太空里的飞鸟，大海里的游鱼，任意飞翔游泳，没有一点障碍。说到天，又何止三十三层；谈到地狱，也不止十八个；再说到世界，就在三千大千世界以外还有无量数的世界存在。天帝释住的神宫当然是七宝雕镂，但实际上却并不这样简单。我们得要想象到这七宝有各种的光彩，各种的形态。这种种不同的光彩、种种不同的形态，交互间错盖成一座宝殿。黄金的黄光，珊瑚的红光，毗琉璃的白光，另外还有无量数的光，辉耀在一起。再衬上檐边的七宝铃，上面的七宝网，旁边的七宝池，池旁的七宝树，我们就可以想象这都率天宫是什么光景了。

他们的幻想真如万千涌泉，源源不绝。而且一切都生动，美丽，一点也不枯燥。他们既然有这样的本领，所以对他们来说，一切走兽飞鸟都有了人性；一切泉石树木都有了生命。从不知什么时候起，印度人就相信灵魂不灭，就是所谓轮回。一个人做好事，下一生就可以成神；做坏事，就可以成禽兽成饿鬼。人与兽之间根本没有什么区别。在他们的寓言和童话里，一只牛说话，它真的就是在说话，毫不勉强，为什么一只牛不能说话呢？于是在高山上，深林里，小河边，到处都充满了生命。你无论走到什么地方也不会感到孤独和寂寞了。

汉族好像对伦理道德（封建的）特别重视。我常常发现汉译佛典中强调忠和孝的地方很不少。我有点怀疑，我不相信印度原文如此，而是汉译者加上的。

在对待生命问题上，中国人与印度人迥乎不同。中国人希望转生，连唐明皇和杨贵妃不也希望“生生世世为夫妻”吗？印度人则在笃信轮回转生之余，努力寻求跳出轮回的办法。以佛教而论，小乘终身苦修，目的是想达到涅槃。大乘顿悟成佛，目的也无非是想达到涅槃。涅槃者，圆融清静之谓，这个字的原意就是“终止”，终止者，跳出轮回不再转生也。

德国态度

我觉得，德国人很聪明，他们有一个词儿 notluege，意思是“出于礼貌而不得不撒的谎”。一般说来，不撒谎应该算是一种美德，我们应该提倡。但是不能顽固不化。假如你被敌人抓了去，完全说实话是不道德的，而撒谎则是道德的。

在德国，实证主义的研究方法，其精神与中国考据并无二致，其目的在拿出证据，追求真实——我故意不用“真理”二字——然后在确凿可靠的证据的基础上，抽绎出实事求是的结论。德国学术以其“彻底性”（Cründlichkeit）蜚声世界。

德国书中错误之少，是举世闻名的。有的极为复杂的书竟能一个错误都没有，连标点符号都包括在里面。读过校样的人都知道，能做到这一步，是非常非常不容易的。德国人为什么能做到呢？他们并非都是超人的天才，他们比别人高出一头的诀窍就在于他们的“笨”。

自从十八世纪后期至十九世纪初期德国人（当然并不只限于德国人）之所以对中国文学发生那样大的兴趣，完全出于一种浪漫情绪。当时浪漫主义正风靡一时，只有对远的、神秘的、异域的东西，人们才发生兴趣。每个诗人都梦想到辽远而神秘的地方。在当时欧洲人眼中，中国就正是这样一个地方。

在一八二七年一月三十日歌德与艾克曼[1]的谈话录中，歌德说，我今天看了一本中国的书：《好逑传》。中国人了不起，在中国人眼中，人跟宇宙合二为一（这是我这几年宣传的人与大自然和谐），男女谈情说爱，相互彬彬有礼，那么和谐、和睦，这个境界我们西方没有。可以说，《好逑传》在中国文学史上最多与《今古奇观》处在一个水平上，甚至中国文学史也不会写它。可是传到欧洲，当时欧洲文化的第一代表人歌德却大加赞美。但他是有根据的。虽然我国这类才子佳人题材的小说有些理想化，像《西厢记》。但是在当时的西方文化泰斗看来，起码中国作者心中的境界是很高的。歌德指出的这一点不是很值得我们回味吗？

---

[1] J.P.Eckermann，1792—1854，《歌德谈话录》作者。

第五章

坏人不会改好

根据我的观察，坏人，同一切有毒的动植物一样，是并不知道自己是坏人的，是毒物的。我还发现，坏人是不会改好的。有时候，我简直怀疑，天地间是否有一种叫做“坏人基因”的东西？可惜没有一个生物学家或生理学家提出过这种理论。我但愿有一个坏人改变一下，改恶从善，堵住我的嘴。

善与恶

根据我的观察，坏人，同一切有毒的动植物一样，是并不知道自己是坏人的，是毒物的。

我还发现，坏人是不会改好的。这有点像形而上学了。但是，我却没有办法。天下哪里会有不变的事物呢？哪里会有不变的人呢？我观察的几个“坏人”偏偏不变。几十年前是这样，今天还是这样。我想给他们辩护都找不出词儿来。有时候，我简直怀疑，天地间是否有一种叫做“坏人基因”的东西？可惜没有一个生物学家或生理学家提出过这种理论。我自己既非生物学家，又非生理学家，只能凭空臆断。我但愿有一个坏人改变一下，改恶从善，堵住我的嘴。

现在人们有时候骂人为“畜生”，我觉得这是对畜生的污蔑。畜生吃人，因为它饿。它不会说谎，不会耍刁，决不会先讲上一大篇必须吃人的道理，旁征博引，洋洋洒洒，然后才张嘴吃人。

自己生存，也让别的人或动植物生存，这就是善。只考虑自己生存不考虑别人生存，这就是恶。

综观中国几千年的历史，以“理”字为准绳，可以分为三个时代：绝对讲理的时代，讲一点理的时代，绝对不讲理的时代。

旧社会有一个说法，叫“灭门的知县”。知县虽小，他能灭你的门。等而上之，官越大，“理”越多。到了皇帝老爷子，简直就是“理”的化身。即使有什么《律》，那是管老百姓的。天子是超越一切的。旧社会还有一句话，叫“天子无戏言”。他说的话，不管是清醒时候说的，还是酒醉后说的，都必实现。不但人类必须服从，连大自然也不能例外。

有人把辩证法弄成了诡辩术，老百姓称之为“变戏法”。辩证法稍一过头，就成了形而上学、唯心主义、教条主义，就成了真正的变戏法。一个最著名的例子就是，在封建时代赃官比清官要好。清官能延长封建统治的寿命，而赃官则能促其衰亡。周兴、来俊臣一变而为座上宾，包拯、海瑞则成了阶下囚。

厚·黑·大

若干年前，我读过一本辛亥革命前后出版的书，叫做《厚黑学》。我颇同意他的意见。我只觉得“厚”“黑”二字还不够，我加上了一个“大”字，总起来就是“脸皮厚，心黑，胆子大”。

我觉得，皇帝可以分三类：开国之君，守业之君，亡国之君。开国之君可以中国历史上仅有的两个马上皇帝为代表：一个是刘邦，一个是朱元璋。二人都是地痞、流氓出身。起义时，身边有一批同样是地痞、流氓的哥儿们。最初当然都是平起平坐。在战争过程中，逐渐有一个人凸现出来，成了头子，哥儿们当然就服从他的调遣、指挥。一旦起义胜利，这个头子登上了宝座，被尊为皇帝。最初，在金銮殿上，流氓习气还不能全改掉，必须有叔孙通一类的“帮忙”或“帮闲”者（鲁迅语）出来订朝仪。原来的哥儿们现在经过“整风”必须规规矩矩，三跪九叩，山呼万岁，不许乱说乱动。这个流氓头子屁股坐稳了以后，一定要用种种莫须有的借口，杀戮其他流氓，给子孙除掉障碍。再大兴文字狱，杀害一批知识分子，以达到同样的目的；然后才能安心“龙御宾天”，成为什么“祖”。他们之所以能成功，靠的是什么呢？厚、黑、大也。

可怕的遗忘

最可怕的是，我逐渐发现，“十年浩劫”过去还不到二十年，人们已经快要把它完全遗忘了。我同今天的青年，甚至某一些中年人谈起这一场灾难来，他们往往瞪大了眼睛，满脸疑云，表示出不理解的样子。

试想，这一次“十年浩劫”是中国历史上最野蛮，最残暴，最愚蠢，最荒谬的一页；是中华民族空前绝后（这是我的希望）的大灾难。它把我们国家推到了濒于破产的边缘上。我们付出的“学费”不可谓不高矣。然而学到了多少东西？得到了多少教训呢？现在看来，几乎没有。才过了二十多年，我们的青年已经视若神话。这能不令我这样亲身参加过而且蹲过牛棚的人惊心动魄吗？

姚文元在这篇文章中（指《评新编历史剧〈海瑞罢官〉》）使用的深文周纳的逻辑，捕风捉影莫须有的推理，给以后在整个“文化大革命”中给人罗织罪名，树立了一个极坏的样板。这一套荒谬绝伦的东西是否就是姚文元个人的发明创造，我看未必。他可能也是从来头很大的人那里剽窃来的。无论如何，这一种歪风影响之恶劣，流毒之深远，实在是罄竹难“数”。它把青年一代的逻辑思维完全搞混乱了。流风所及，至今未息。

一些自命为出身好的教员和学生，坚决贯彻“阶级路线”，组成了造反派，在自己胳膊上缠上一块红布，这就算是革命者的标志。所谓出身好，指的是贫下中农、革命烈属、革命干部、工人。这些人根子正，一身红，领导革命，义不容辞。再一部分人就是在社教活动中反对过陆平的人。他们觉悟高，现在来领导革命，也是顺理成章。我记得，戴红臂章的人似乎只限于第一种人。臂章一戴，浑身红透，脸上更是红光满面，走起路来，高视阔步，威风凛凛，不可一世。

来到我家抄家打砸抢的小将们是什么人呢？他们之中肯定有好人，一时受到蒙蔽干了坏事，这是可以原谅的。但是，大部分人恐怕都是乘人之危，藉此发泄兽性的迫害狂，以达到不可告人的目的。如果说这样的人不是坏人，世界上还有坏人吗？

了解“十年浩劫”的人们都知道，当年打派仗的时候，所有的学校、机关、工厂、企业，甚至某一些部队，都分成了对立的两派，每一派都是“唯我独左”“唯我独尊”。现在看起来两派都搞打、砸、抢，甚至杀人，放火，都是一丘之貉，谁也不比谁强。现在再来讨论或者辩论谁是谁非，实在毫无意义。可是在当时，有一种叫做“派性”的东西，摸不着，看不见，既无根据，又无理由，却阴狠、毒辣，一点理性也没有。谁要是中了它，就像是中了邪一样，一个原来是亲爱和睦好端端的家庭，如果不幸而分属两派，则夫妇离婚者有之，父子反目者有之，至少也是“兄弟阋于墙”，天天在家里吵架。

我看被戴上帽子的人都是毕恭毕敬，“天王圣明，臣罪当死”。他们内心里的感受，我从来没想去了解过。我也从来没有见过一个人主动争取戴帽子的。可我现在左思右想，前瞻后顾，总觉得或者预感到，自己被戴上一顶帽子，心里才踏实，好像是寒天大风要出门那样。

坏人的本领

这些坏人比好人有本领，“文化大革命”中有一个常用的词儿：变色龙。这一批坏人就正是变色龙。他们一看风头不对，立即改变颜色。有的伪装成正人君子，有的变为某将军、某领导的东床快婿，在这一张大伞下躲避了起来。有的鼓其如簧之舌，施展出纵横捭阖的伎俩，暂时韬晦，窥探时机，有朝一日风雷动，他们又成了人上人。此等人野心大，点子多，深通厚黑之学，擅长拍马之术。他们实际上是我们社会主义社会潜在的癌细胞，迟早必将扩张的。我们当时放过了这些人，实在是埋藏了后患。

折磨人甚至把人折磨至死的当时的“造反派”实际上是打砸抢分子的人，为什么不能够把自己折磨人的心理状态和折磨过程也站出来表露一下，写成一篇文章或一本书呢？这一类人现在已经四五十岁了，有的官据要津[1]。即使别人不找他们算账，他们自己如果还有点良心，有点理智的话，在灯红酒绿之余，清夜扪心自问，你能够睡得安稳吗？如果这一类人——据估算，人数是不老少的——也写点什么东西的话，拿来与被折磨者和被迫害者写的东西对照一读，对我们人民的教育意义，特别是我们后世子孙的教育意义，会是极大极大的。我并不要求他们检讨和忏悔，这些都不是本质的东西，我只期待他们秉笔直书。

就像巴黎领导世界时装的新潮流一样，当时的北大确实是领导着全国"文化大革命"的新潮流。脖子上挂木牌这一个新生事物一经出现，立即传遍了全国。而且在某一些地方还有了新的发展。挂木牌的钢丝愈来愈细，木牌的面积则愈来愈大，分量愈来愈重。

什么"革命"，什么"造反"，谁一听都明白；但是却没有人真正懂得是什么意思。什么样的坏事，什么样的罪恶行为，都能在"革命""造反"等堂而皇之的伟大的名词掩护下，在

[1] 亦写作"官居要津"，比喻显要的地位。

光天化日之下公然去干。

我觉得有一千只手挥动在我的头顶上，有一千只脚踢在我的腿上，有一千张嘴向我吐着吐沫。

地狱里的形状

我在黑暗中看到院子里一些树下都有一个人影，笔直地站在那里，抬起两只胳膊，向前作拥抱状。实际上拥抱的只是空气，什么东西都没有。我不知道，我们这几个棚友已经站在那拥抱空虚有多久了。

我们“罪犯”们已经丢掉了笑的本领。笑本来是人的本能，怎么竟能丢掉呢？这个“丢掉”，不是来自“劳改宪法”，也不是出自劳改监督人员的金口玉言，而是完全“自觉自愿”。试问，在打骂随时威胁着自己的时候，谁还能笑得起来呢？

我自己好像梦中的游魂，稀里糊涂地低头弯腰，不但前后有人，而且左右也有人，好像连上下都有人，弥天盖地，到处都是人。我能够看到的却只有鞋和裤子。

我们住在里面的人，日日夜夜，分分秒秒，都让神经紧张到最高限度，让五官的本能发挥到最高限度，处处有荆棘坑坎，时时有横祸飞来。

这个地方，不是地狱，胜似地狱；自己不是饿鬼，胜似饿鬼。如果还有感觉的话，我的自我感觉是：非人非鬼，亦人亦鬼。别人看自己是这样，自己看自己也是这样。

饿得厉害的时候，我简直觉得自己是处在饿鬼地狱中，恨不能把地球都整个吞下去。

如果我眼前有一点水的话，不管是河水，湖水，还是海里的水、坑里的水，甚至臭沟里的水，我一定会埋头狂饮。

我记得在二十八楼南头的一间大房子里，堆满了杂物，乱七八糟，破破烂烂，什么都有。我忽然发现，在一个破旧的蒸馒头用的笼屉上有几块已经发了霉的干馒头。我简直是如获至宝，拿来装在口袋里，在僻静地方，背着监改的工人，一个人偷偷地吃。

在每一次政治运动中，每一个人都有一个在运动中的地位问题。粗略地说，地位可以分为两大类：整人者与被整者。细分起来，那就复杂得多了，而且这个地位也不是一成不变的。随着运动的进展，队伍不断地分化，重新组合。整人者可以变为被整者，而被整者也可以变为整人者。

劣根性种种

古时候有德的人的邻人怎样，我不敢说，也很难想象出来。但他们绝对不会像我现在这些邻人这样精深博大，这是我可以断言而引以自傲的。我现在的邻人几乎每个人都是专家。说到中国戏剧，就有谭派正宗，程派嫡传，还有异军突起自创的新腔。说到西洋剧和西洋音乐，花样就更多。有男高音专家，男低音专家，男不高不低音的专家。

在这里，人长了嘴仿佛就是为了唱似的。每当晚饭初罢的时候，左面屋子里先涌出一段二簧摇板来。别的屋子当然也不会甘居人后，立刻挤出几支洋歌，其声呜呜然，仿佛是冬夜深山里的狼嗥。我虽然无缘瞻仰歌者的尊容，但我的眼却仿佛能透过墙壁看到他脸上的青筋在鼓胀起来，脖子拼命向上伸长。

在我的故乡，倘若一个人鬼鬼祟祟的放轻了脚步走到人家窗下去偷听人家的私话，我们就说这个人是踏鸡毛鞋。意思是说他的鞋底是用鸡毛做成的，所以走起路来没有声音。我们的高邻却绝对不踏鸡毛鞋，他们的鞋底是铁做成的。有时候我在屋里静静地看一点书，蓦地听到一阵铁与木头相击的声音，我心里已经知道是我的邻人来了。但我还没来得及再想，轰的一声，我的屋子，当然我也在内，立刻一阵震动，桌上玻璃杯里的水也立刻晃动起来，在电灯光下，起了成圈的水纹，伸张，扩散，幻成一条条的金光。

经常能够看到，在大白天，一对或多对青年男女，坐在椅子上。最初还能规规矩矩，不久就动手动脚，互抱接吻，不是一个，而是一串。然后，一个人躺在另外一个的怀里，仍然是照吻不已。最后则干脆一个人压在另一个的身上。此时，路人侧目，行者咋舌，而当事人则天上天下，唯我独尊，岿然不动，旁若无人。

我曾写文章赞美过代沟，说代沟是人类进步的象征。这是我真实的想法。可是到了目前，我自己也傻了眼，横亘在我眼前的像我这样老一代人和一些“新人类”“新新人类”之间的代沟，突然显得其阔无限，其深无底，简直无法逾越了，仿佛把人类历史断成了两截。

商店越是高级，我越敬而远之。店里那一大堆五光十色、争奇斗艳的商品，有的人见了简直会垂涎三尺，我却是看到就头痛，而且窃作腹诽：在这些无限华丽的包装内的究竟是什么货色，只有天晓得，我觉得人们似乎越来越蠢，我们所能享受的东西，不过只占广告费和包装费的一丁点儿，我们是让广告和包装牵着鼻子走的，愧为“万物之灵”。

几乎每次开会都必须合影留念，我曾在中南海一块大草坪上同数百名各界人士合过影。那次合影确实是秩序井然的，因为是以我们直立半小时为代价的。在其余的会后合影时情况则完全不同。指挥摄影的人左右奔跑，高声呼喊，然而效果甚微。你说：“大家请静一静！”然而那些特立独行的男女人士却偏要交头接耳，你说：“大家请看着我！”他们却偏要左顾右盼，你说：“大家请赶快就座！”他们却偏要姗姗来迟。左边的秩序整顿好了，右边又乱了起来；前面的秩序整顿好了，后面又乱了起来。等到费过千辛万苦，把相照完，即使是在冬天，指挥者的额头也会淌下汗珠。我暗想，宁愿指挥千军万马，也不指挥几百人合影。

普天之下，绝大多数的人，争名于朝，争利于市。尝到一点小甜头，便喜不自胜，手舞足蹈，心花怒放，忘乎所以。碰到一个小钉子，便忧思焚心，眉头紧皱，前途暗淡，哀叹不已。这种人滔滔者天下皆是也。他们是真糊涂，但并不自觉。他们是幸福的，愉快的。愿老天爷再向他们降福。

我认为，人从动物群体中脱颖而出，变成了人。除了人的本质外，动物的本质也还保留了不少。一切生物的本能，即所谓“性”，都是一样的，即一要生存，二要温饱，三要发展。在这条路上，倘有障碍，必将本能地下死力排除之。根据我的观察，生物还有争胜或求胜的本能，总想压倒别的东西，一枝独秀。这种本能人当然也有。我们常讲，在世界上，争来争去，不外名利两件事。名是为了满足求胜的本能，而利则是为了满足求生。二者联系密切，相辅相成，成为人类的公害，谁也铲除不掉。

浮躁的文化人

我们写的废话，说的谎话，吹的大话，这是到处可见的。我觉得，有好多文章是大可以不必写的，有好些书是大可以不必印的。

有的人为了提职，需要提交“著作”，于是就赶紧炮制；有的人为了成名成家，也必须有文章，也努力炮制。对于这样的人，无须深责，这是人之常情。炮制的著作不一定都是“次品”，其中也不乏优秀的东西。

小骗局花样颇为繁多，举其荦荦大者，有以下诸种：在课堂上听老师讲课，在公开学术报告中听报告人讲演，平常阅读书刊杂志时读到别人的见解，认为有用或有趣，于是就自己写文章，不提老师的或者讲演者的以及作者的名字，仿佛他自己就是首创者，用以欺世盗名。

（坏的翻译）意义似乎明白，又似乎不明白。念一句就像念西藏喇嘛的番咒。

一位上海的大学者，以译俄国社会科学的书籍出了大名，他对无论谁都说他是从俄文原文直接译出来的。但认识他的人却说，他把俄文原本摆在书桌上，抽屉里面却放了日译本。这样他工作的时候当然是低头的时候多而抬头的时候少，也许根本就不抬头。倘若有人访他，却只看到桌上摆的俄文原本而震惊于这位大学者的语言天才了。

有一些序跋，特别是名人的序，大概是受人请托，情不可却，也许还有一点什么“效益”之类的东西，于是乎，虽然那一本书实在并不怎么样，写序的人也只好不痛不痒地加以空洞的赞誉，虚伪之气溢于楮墨之表，扑人眉宇。谁读这样的序而不感到别扭，不感到腻味呢？

谦（谦虚）却有两种，一真一假。假谦虚的例子，真可以说是俯拾即是。故作谦虚状者，比比皆是。中国人的“菲酌”“拙作”之类的词，张嘴即出。

在当今中国的学坛上，自视甚高者，所在皆是；而真正虚怀若谷者，则绝无仅有。我不认为这是一个好现象。有不少年轻的学者，写过几篇论文，出过几册专著，就傲气凌人。

第六章

没有真情不动笔

我觉得，一个作家最重要的品德是爱祖国，爱人民，爱人类。在这三爱的基础上，那些皇皇巨著才能有益于人，无愧于己。我的中心想法是不要骗自己，不要骗读者。做到这一步，是有德；否则就是缺德。写什么东西，自己首先要相信。自己不相信而写出来的要读者相信，不是缺德又是什么呢？自己不懂而写出来要读者懂，不是缺德又是什么呢？

我的文学观

既然叫诗，必有诗的形式。虽然目前的新诗在形式方面有无限的自由性，但是诗歌是带着枷锁的舞蹈，古今中外莫不如此。除掉枷锁，仅凭一点诗意——有时连诗意都没有——怎么能称之为诗呢？汉文是富于含蓄性和模糊性的语言，最适宜于诗歌创作，到了新诗，这些优点都不见了。总之，我认为，五四以后，在各种文体中，诗歌是最不成功的。

纯诗主张废弃韵律，我则主张诗歌必须有韵律，否则叫任何什么名称都行，只是不必叫诗。

我反对现在的所谓“朦胧诗”。我总怀疑这是“英雄欺人”，以艰深文浅陋。

对于散文，我有偏爱，又有偏见。为什么有偏爱呢？我觉得在各种文学体裁中，散文最能得心应手，灵活圆通。而偏见又何来呢？我对散文的看法和写法不同于绝大多数的人而已。

我觉得，中国散文最突出的特点是同优秀的抒情诗一样，讲究含蓄，讲究蕴藉，讲究意境，讲究神韵，言有尽而意无穷，也可以用羚羊挂角来做比喻。借用印度古代文艺理论家的话来说就是，没有说出来的比已经说出来的更为重要，更耐人寻味。

在中国古代，抒情的文或诗，都贵在含蓄，贵在言有尽而意无穷，如食橄榄，贵在留有余味，在文章结尾处，把读者的心带向悠远，带向缥缈，带向一个无法言传的意境。

常读到一些散文家的论调，说什么："散文的诀窍就在一个'散'字。""散"字，松松散散之谓也。又有人说："随笔的关键就在一个'随'字。""随者，随随便便之谓也。"他们的意思非常清楚：写散文随笔，可以随便写来，愿意怎样写，就怎样写。愿意下笔就下笔，愿意收住就收住。不用构思，不用推敲。有些作者自己有时也感到单调与贫乏，想弄点新鲜花样；但由于腹笥贫瘠，读书不多，于是就生造词汇，生造句法，企图以标新立异来济自己的贫乏。结果往往是，虽然自我感觉良好，可是读者偏不买你的账，奈之何哉！读这样的散文，就好像吃掺上沙子的米饭，吐又吐不出，咽又咽不下，进退两难，啼笑皆非。

根据我个人多年的玩味和体会，我发现，中国古代优秀的散文家，没有哪一个是“散”的，是“随”的。正相反，他们大都是在“意匠惨淡经营中”，简练揣摩，煞费苦心，在文章的结构和语言的选用上，狠下功夫。文章写成后，读起来虽然如行云流水，自然天成，实际上其背后蕴藏着作者的一片匠心。

我理想的散文是淳朴而不乏味，流利而不油滑，庄重而不板滞，典雅而不雕琢。我还认为，散文最忌平板。现在有一些作家的散文，写得规规矩矩，没有任何语法错误，选入中小学语文课本中是毫无问题的。但是读起来总是觉得平淡无味，是好的教材资料，却决非好的文学作品。

我个人觉得，文学最忌单调平板，必须有波涛起伏，曲折幽隐，才能有味。有时可以采用点文言辞藻，外国句法；也可以适当地加入一些俚语俗话，增添那么一点苦涩之味，以避免平淡无味。我甚至于想用谱乐谱的手法来写散文，围绕着一个主旋律，添上一些次要的旋律；主旋律可以多次出现，形式稍加改变，目的只想在复杂中见统一，在跌宕中见均衡，从而调动起读者的趣味，得到更深更高的美感享受。有这样有节奏有韵律的文字，再充之以真情实感，必能感人至深，这是我坚定的信念。

我认为，散文的精髓在于“真情”二字，这二字也可以分开来讲：真，就是真实，不能像小说那样生编硬造；情，就是要有抒情的成分。即使是叙事文，也必有点抒情的意味，平铺直叙者为我所不取。《史记》中许多《列传》，本来都是叙事的；但是，在字里行间，洋溢着一片悲愤之情，我称之为散文中的上品。贾谊的《过秦论》，苏东坡的《范增论》《留侯论》等等，虽似无情可抒，然而却文采斐然，情即蕴涵其中，我也认为是散文上品。

同世上的万事万物一样，八股也要一分为二的。从内容上来看，它是“代圣人立言”，陈腐枯燥，在所难免。这是毫不足法的。但是，从布局结构上来看，却颇有可取之处。它讲究逻辑，要求均衡，避免重复，禁绝拖拉。这是它的优点。

五四运动是中国近代史上的一件大事。在文学范围内，改文言为白话，也是中国文学史上的一件大事。七十多年以来，中国文学创作取得了长足的进步。但是，据我个人的看法，各种体裁间的发展是极不平衡的。小说，包括长篇、中篇和短篇，以及戏剧，在形式上完全西化了。这是福？是祸？我还没见到有专家讨论过。我个人的看法是，现在的长篇小说的形式，很难说较之中国古典长篇小说有什么优越之处。戏剧亦然，不必具论。至于新诗，我则认为是一个失败。

我认为五四运动以来中国文坛上最成功的是白话散文，个中原因并不难揣摩。中国有悠久雄厚的散文写作传统，所谓经、史、子、集四库中都有极为优秀的散文，为世界上任何国家所无法攀比。散文又没有固定的形式。于是作者如林，佳作如云，有如八仙过海，各显神通。旧日士子能背诵几十篇上百篇散文者，并非罕事，实如家常便饭。五四以后，只需将文言改为白话，或抒情，或叙事，稍有文采，便成佳作。

我爱太白和东坡

从先秦的庄子和孟子读起，经过了汉代的司马迁和贾谊等，南北朝时期的骈文和散文，唐初的四杰，以及以后的唐宋八大家，一直到明代的归有光，公安派和竟陵派的小品，最后是清代的桐城派的龚自珍等人的文章，没有读不到的。到了今天，时间已经过去了七八十年，《昭明文选》《古文观止》等书早已从我的书案上绝迹；可是，偶尔在有意与无意之间，还会背诵起整篇或整段的少年时读过的古文来。那种惨淡经营的结构，铿锵悦耳的节奏，恢宏诡奇的想象，深邃精密的思想，灵动活泼的文体，石破天惊的比喻，丰盈充沛的真情，品味不尽的神韵，所有这一切，都“润物细无声”似地[1]流入我的灵府，使我精神为之抖擞，心情为之振奋，心旷神怡，消除烦

[1] 似的。

闷，仿佛受到了一次净化，乐不可支了。

太白和东坡是中国几千年的文学史上两位最有天才的最伟大的作家。他们俩共同的特点是：为文如万斛泉涌，不择地而出，文不加点，倚马可待。每一首诗词，好像都是一气呵成，一气流转。他们写的时候，笔不停挥，欲住不能；我们读的时候，也是欲停不能，宛如高山滑雪，必须一气到底，中间决无停留的可能。这一种气或者气势，洋溢充沛在他们诗词之中，霈然不可抗御。

李白的诗一气流转，这一股“气”不可抗御，让你非把诗读完不行。

杜甫也是一个伟大的诗人，千余年来，李杜并称。但是二人的创作风格却迥乎不同：李是飘逸豪放，而杜则是沉郁顿挫。从使用的格律上，也可以看出二人的不同。七律在李白集中比较少见，而在杜集中则颇多。摆脱七律的束缚，李白是没有枷锁跳舞；杜甫善于使用七律，则是带着枷锁跳舞，二人的舞都达到了极高的水平。

（李）后主[1]词传留下来的仅有三十多首，可分为前后两期：前期仍在江南当小皇帝，后期则已降宋。后期词不多，但是篇篇都是杰作，纯用白描，不作雕饰，一个典故也不用，话几乎都是平常的白话，老妪能解；然而意境却哀婉凄凉，千百年来打动了千百万人的心。

在中国，我喜欢的是六朝骈文，唐代的李义山、李贺，宋代的姜白石、吴文英，都是唯美的，讲求词藻华丽的。

中国古代赞誉文人有三绝之说。三绝者，诗、书、画三个方面皆能达到极高水平之谓也。苏轼至少可以说已达到了五绝：诗、书、画、文、词。因此，我们可以说，苏轼是中国文学史和艺术史上的最全面的伟大天才。论诗，他为宋代一大家。论文，他是唐宋八大家之一。笔墨凝重，大气磅礴。论书，他是宋代苏、黄、米、蔡四大家之首。论词，他摆脱了婉约派的传统，创豪放派，与辛弃疾并称。

《儒林外史》完全用白描的手法，语言简洁鲜明，讽刺不露声色，惜墨如金，而描绘入木三分，实为中国散文（就体裁

[1] 李煜。

来说，它是小说；就个别片段来说，它又是散文）之上品。

吴敬梓惜墨如金，从不作冗长的描述。书中人物众多，各有特性，作者只讲一个小故事，或用短短几句话，活脱脱一个人就仿佛站在我们眼前，栩栩如生。这种特技极为罕见。

（《红楼梦》）内容描述的是一个大家族的衰微的过程。本书特异之处也在它的艺术性上。书中人物众多，男女老幼、主子奴才、五行八作，应有尽有。作者有时只用寥寥数语而人物就活灵活现，让读者永远难忘。读这样的一部书，主要是欣赏它的高超的艺术手法，那些把它政治化的无稽之谈，都是不可取的。

冯至先生的散文，我觉得，就是继承了中国优秀传统的。不能说其中没有一点西方的影响，但是根底却是中国传统。我每读他的散文，上面说的那些特点都能感觉到，含蓄、飘逸、简明、生动，而且诗意盎然，读之如食橄榄，余味无穷，三日口香。

留给我印象最深刻最鲜明的有鲁迅的沉郁雄浑，冰心的灵秀玲珑，朱自清的淳朴淡泊，沈从文的轻灵美妙，杨朔的镂金错彩，丰子恺的厚重平实，如此等等，不一而足。

杨朔不是一个多产作家，但是写作态度严肃、认真。极尽惨淡经营之能事，展现精雕细琢之绝活。文章气度不够恢宏，局面较为狭小，然而遣词造句，勠力创新，宛如玲珑剔透的象牙球，令人赞叹。

从高中直到大学，我读了不少英国的散文佳品，文字不同，心态各异。但是，仔细玩味，中英又确有相通之处：写重大事件而不觉其重，状身边琐事而不觉其轻；娓娓动听，逸趣横生；读罢掩卷，韵味无穷。

蒙田的《随笔》，确给人以率意而行的印象。我个人以为，在思想内容方面，蒙田是极其深刻的；但在艺术性方面，他却是不足法的。与其说蒙田是一个散文家，不如说他是一个哲学家或思想家。

至于哪几部书对我影响最大，几十年来我一贯认为是两位大师的著作：在德国是海因里希·吕德斯[1]，我老师的老师；

[1] Heinrich Lders.

在中国是陈寅恪先生。两个人都是考据大师，方法缜密到神奇的程度。从中也可以看出我个人兴趣之所在。我禀性板滞，不喜欢玄之又玄的哲学。我喜欢能摸得着看得见的东西，而考据正合吾意。

在他（池田大作）那波澜壮阔的一生中，通过自己的眼睛和心灵，观察人生，体验人生，终于参透了人生，达到了圆融无碍的境界。书中的话就是从他深邃的心灵中撒出来的珠玉，句句闪耀着光芒。读这样的书，真好像是走入七宝楼台，发现到处是奇珍异宝，拣不胜拣。又好像是行在山阴道上，令人应接不暇。

文学的意味

王（国维）先生说："'泪眼问花花不语，乱红飞过秋千去'，'可堪孤馆闭春寒，杜鹃声里斜阳暮'，有我之境也。'采菊东篱下，悠然见南山'，'寒波澹澹起，白鸟悠悠下'，无我之境也。有我之境，以我观物，故物皆著我之色彩。无我之境，以物观物，故不知何者为我，何者为物。"所举的例子中，别的我且不说，只说陶渊明的两句诗："采菊东篱下，悠然见南山"，王先生把它列入无我之境。我认为，实际上是有我的，汉文可以不用主语，如译为英、德、法等文，主语必赫然有一个"我"字（I，ich，je）在。既然有个"我"字在，怎么能说是"无我"呢？我觉得，在这里不是"无我"，而是"忘我"，不是"以物观物"，而仍然是"以我观物"，不过在一瞬间忘记了"我"而已。

什么叫“人民性”呢？一看就明白，一追问就糊涂。对一些人来说，它是恍兮惚兮，其中无象，只可意会，不能言传。于是一些文学史学家就在“人民”二字上下工夫。遍搜古籍，如果侥幸能找到“人民”——不管这两个字古今是否同义——或与“人民”相近的字眼，就如金榜题名，洞房花烛一般，狂喜不已。这样怎能写出好的文学史来呢？

我常想，（陈）寅恪先生从一个不大的切入口切入，如剥春笋，每剥一层，都是信而有征，让你非跟着他走不行，剥到最后，露出核心，也就是得到结论，让你恍然大悟：原来如此，你没有法子不信服。寅恪先生考证不避琐细，但决不是为考证而考证，小中见大，其中往往含着极大的问题。

根据我个人的浅见，衡量一部文学作品的标准，艺术性绝对不应忽视，甚至无视，因为艺术性是文学作品的灵魂。如果缺乏艺术性，思想性即使再高，也毫无用处，这样的作品决不会为读者所接受。有一些文学作品，思想性十分模糊，但艺术性极高，照样会成为名作而流传千古，李义山的许多无题诗就属于这一类。

我们中国的文艺批评家或一般读者，读一部文学作品或一篇诗文，先反复玩味，含英咀华，把作品的真精神灿然映照于我们心中，最后用鲜明、生动而凝练的语言表达出来。读者读了以后得到的也不是干瘪枯燥的义理，而是生动活泼的综合的印象。

评断一本书的好与坏有什么标准呢？这可能因人而异。但是，我个人认为，客观的能为一般人都接受的标准还是有的。归纳起来，约略有以下几项：一本书能鼓励人前进呢，抑或拉人倒退？一本书能给人以乐观精神呢，抑或使人悲观？一本书能增加人的智慧呢，抑或增强人的愚蠢？一本书能提高人的精神境界呢，抑或降低？一本书能增强人的伦理道德水平呢，抑或压低？一本书能给人以力量呢，抑或使人软弱？一本书能激励人向困难作斗争呢，抑或让人向困难低头？一本书能给人以高尚的美感享受呢，抑或给人以低级下流的愉快？

在极渺远的时代，我们就看到小品文的萌芽，似乎一下生就走着黑运，给大人先生们拿来作载道的工具，一直到魏晋六朝，我们才第一次看到人们用小品文来说自己的话，然而引起了哄笑和嘲讽，说自己话的小品文也就被埋在这哄笑和嘲讽里，度着自己的暗淡的命运。

在混乱庞杂里我们要救救小品文，我们要小摆设，只要它真的是从内心里流出来的，我们将不眩惑于纸糊的大摆设，我们也要匕首，只要它是真铁真钢的，我们将不眩惑于纸剪的玩意儿。我们绝不能忽视了文艺里的“真”。

中国古代文学中真正的悲剧很少。罗摩故事在印度是一个悲剧，但到了中国却多被改成喜剧结尾，以适应中国人的心情和爱好，最突出的是插曲睒子的故事。这本来是一个悲剧。但《六度集经》却让老天爷出马干预，使被射死的睒子复活。

梵文是印度古代语言，不能算做中国语言。但是，吐火罗文A和B的残卷只发现在现在的中国境内，应该看做是中国古代的民族语言，用这种语言写成的剧本也应该归入中国戏剧之列。

在写书、出书方面，我有一个“狭隘的功利主义”观点。我认为，出书必定要有用，对个人有用，对社会和国家有用。这个“用”，当然不应该理解得太窄狭。美感享受也是一种“用”。如果一点用处都没有的书，大可以不必出。

从词源学上来讲，《说文》：“美，羊大也。”羊大了肉好吃，就称之为“美”。这既不属于眼，也不属于耳，而是属于舌头，加上一点鼻子，鼻子能嗅到香味。

我从二十世纪三十年代起就陆续读过一些美学的书，对美学我不能说是一个完全的外行。但是浅尝辄止，也说不上是一个真正的内行，只能说是一个半瓶醋。常识告诉我们，只有半瓶醋才能晃荡出声。我就是以这样的身份提出了一个主张：美学必须彻底转型，决不能小打小闹，修修补补，而必须大破大立，另起炉灶。

橘移到淮北，叶还能相似。一篇文章，尤其是文学作品，倘若译成另外一种文字，连叶也不能相似，当然更谈不到味了。

科学和哲学的著作不得已时当然可以重译，但文艺作品则万万不能。也许有人要说，我们在中国普通只能学到英文或日文，从英文或日本转译，也未始不是一个办法。是的，这是一个办法，我承认。但这只是一个懒人的办法。倘若对一个外国的诗人戏剧家或小说家真有兴趣的话，就应该有勇气去学他那一国的语言。倘若连这一点勇气都没有，就应该自己知趣走开，到应该去的地方去。不要在这里越俎代庖，鱼目混珠。我们只要有勇气的人！

写作者须知

我觉得，一个作家最重要的品德是爱祖国，爱人民，爱人类。在这三爱的基础上，那些皇皇巨著才能有益于人，无愧于己。

我的中心想法是不要骗自己，不要骗读者。做到这一步，是有德，否则就是缺德。写什么东西，自己首先要相信。自己不相信而写出来要读者相信，不是缺德又是什么呢？自己不懂而写出来要读者懂，不是缺德又是什么呢？

不管作者学问多么大，名气多么高，在死守教条的基础上，在迎合上意的前提下，写出来的决不会是好书，有时是违反作者本意的产品。

写文章引用别人的著作甚至观点，是决不可避免的，但必须注明出处，这是起码的学术道德，我决不敢有违。如果想开辟一个新领域，创造一个新天地，那就必须自找新材料，偷懒是万万不容许的。

在生活平静的情况下，常常是一年半载写不出一篇东西来。原因是很明显的。天天上班、下班、开会、学习、上课、会客，从家里到办公室，从办公室到课堂，又从课堂回家，用句通俗又形象的话来说，就是：三点一线。这种点和线都平淡无味，没有刺激，没有激动，没有巨大的变化，没有新鲜的印象，这里用得上一个已经批判过的词儿：没有灵感。没有灵感，就没有写什么东西的迫切的愿望。在这样的时候，我什么东西也写不出，什么东西也不想写。否则，如果勉强动笔，则写出的东西必然是味同嚼蜡，满篇八股，流传出去，一害自己，二害别人。自古以来，应制和赋得的东西好的很少，其原因就在这里。

即使是有病呻吟吧，也不要一有病就立刻呻吟，呻吟也要有技巧。如果放开嗓子粗声嚎叫，那就毫无作用。还要细致地观察，深切地体会，反反复复，简练揣摩。要细致观察一切人，观察一切事物，深入体会一切。在我们这个林林总总的花花世界上，遍地潜伏着蓬勃的生命，随处活动着熙攘的人群。你只要留心，冷眼旁观，一定就会有收获。

你必须把这些常见的、习以为常的、平凡的现象，涵润在心中，融会贯通。仿佛一个酿蜜的蜂子，酝酿再酝酿，直到酝酿成熟，使情境交融，浑然一体，在自己心中形成了一幅“成竹”，然后动笔，把成竹画了下来。

我们国内有一些人特别迷信诺贝尔奖，迷信的劲头，非常可笑。试拿我们中国没有得奖的那几位文学巨匠同已经得奖的欧美的一些作家来比一比，其差距简直有如高山与小丘。同此辈争一日之长，有这个必要吗！

对于语言，包括外国语言和自己的母语在内，学习任务是永远也完成不了的。真正有识之士都会知道，对于一种语言的掌握，从来也不会达到绝对好的程度，水平都是相对的。据说莎士比亚作品里就有不少的语法错误，我们中国过去的文学家、哲学家、史学家、诗人、词客等等，又有哪一个没有病句呢？现代当代的著名文人又有哪一个写的文章能经得起语法词汇方面的过细的推敲呢？因此，谁要是自吹自擂，说对语言文字的掌握已达到炉火纯青的程度，这个人不是一个疯子，就是一个骗子。

写文章，是交流思想、传达信息的重要手段。要想交流、传达得准确忠实，就必须注意语法修辞，不能望文生义，数典忘祖，甚至生编硬造，写出一些除了自己谁也不懂的词句。

写散文决不能平铺直叙，像记一篇流水账，枯燥单调。枯燥单调是艺术的大敌，更是散文的大敌。

散文作家，不仅仅限于造词遣句。整篇散文，都应该写得形象生动，诗意盎然。让读者读了以后，好像是读一首好诗。

整篇文章一定要一环扣一环，有一种内在的逻辑性。句与句之间，段与段之间，都要严丝合缝，无懈可击。

中国几千年的文学史上，出现了不少不同的风格：《史记》的雄浑，六朝的秾艳，陶渊明、王维的朴素，徐、庾的华丽，杜甫的沉郁顿挫，李白的流畅灵动，《红楼梦》的细腻，《儒林外史》的简明，无不各擅胜场。我们写东西，在一篇文章中最好不要使用一种风格，应该尽可能地把不同的几种风格融合在一起，给人的印象就会比较深刻。

也许还有人要问：“古今的散文中，有不少的是信手写来，如行云流水，本色天成，并没有像你上面讲的那样艰巨，那样繁杂。”我认为，这种散文确实有的，但这只是在表面上看来是信笔写来，实际上是作者经过了无数次的锻炼，由有规律而逐渐变成表面上看起来摆脱一切规律。这其实是另外一种规律，也许还是更难掌握的更高级的一种规律。

在某一些方面，一个门外汉反而能看出点门道。因为他所入不深，了无所蔽。没有真正专家们的条条框框，没有那一些“枷锁”，跳起舞来，反而更能轻松如意。

有时候，搞那些枯燥死板的学术研究疲倦了，换一张桌子，写点散文，换一换脑筋。就像是磨刀一样，刀磨过之后，重又锋利起来，回头再搞学术研究，重新抖擞，如虎添翼，奇思妙想，纷至沓来，亦人生一乐也。

我不愿意写小说，因为我厌恶虚构的东西。

我以为，小说太把人生简单化、机械化了。补救的方法就是加入抒情诗的成分。

写散文，我没有那么多真情实感要抒发。我主张散文是不能虚构的，不能讲假话的；硬往外挤，卖弄一些花里胡哨的辞藻，我自谓不是办不到，而是耻于那样做。

我为什么喜欢读序跋呢？我觉得，序跋同日记一样，在这里，作者容易说点真话。在其他体裁的文章中，作者往往峨冠博带，在不知不觉中说一些冠冕堂皇的话；装腔作势，说一些言不由衷的话；这些东西，读起来让人感到腻味，读不下去。

序跋这一种体裁没有什么严格的模子，写起来，你可以直抒胸臆，愿意写什么就写什么，愿意怎样写就怎样写。如果把其他文章比作峨冠博带，那么序跋（当然也有日记）则如软巾野服。写起来如行云流水，不受遏制，欲行便行，圆融自如，一片天机。写这样的文章，简直是一种享受。

人民大众创造的词，到了什么时候，达到了什么流行的程度，才能被收入词典？收与不收，由谁来决定？这都是必须回答的问题，不但回答，而且还要见诸行动。这是我切盼解决的问题。我再说一遍，以不变应万变是不行的。

第七章

知识分子的阴影

几千年的历史可以证明，中国知识分子最关心时事，最关心政治，最爱国。这最后一点，是由中国历史环境所造成的。在中国历史上，没有哪一天没有虎视眈眈伺机入侵的外敌。历史上许多赫然有名的皇帝，都曾受到外敌的欺侮。老百姓更不必说了。存在决定意识，反映到知识分子头脑中，就形成了根深蒂固的爱国心。

教授架子

在长达两千多年的封建社会中，中国的知识分子上进之途只有一条，就是科举制度。这真是千军万马，独木小桥。从考秀才起，有的人历尽八十一难，还未必能从秀才而举人，从举人而进士，从进士而殿试点状元等等，最有幸运的人才能进入翰林院，往往已达垂暮之年，老夫耄矣。一生志愿满足矣，一个士子的一生可以画句号矣。

自从清末废科举以后，秀才、举人、进士之名已佚，而思想中的形象犹在。一推行西洋的教育制度，出现了小学、中学、大学、研究院等等级别。于是就有人来作新旧对比：中学毕业等于秀才，大学毕业等于举人，研究生毕业等于进士，点了翰林等于院士。这两项都隐含着“博士”这一顶桂冠的影子。顺理成章，天衣无缝，新旧相当，如影随形。于是对比者心安理得，胸无疑滞了。如果让我打一个比方的话，我只能拿今天的素斋一定要烹调成鸡鱼鸭肉的形状来相比。隐含在背后的心理状态，实在是耐人寻味的。

在中国当前社会中，封建思想意识仍极浓厚。在许多人的下意识里，西方传进来的博士的背后隐约闪动着进士和翰林的影子。

“考”者，考试也。在旧社会科举时代，“千军万马独木桥”，要上进，只有科举一途。你只需读一读吴敬梓的《儒林外史》，就能淋漓尽致地了解到科举的情况。以周进和范进为代表的那一批举人进士，其窘态难道还不能让你胆战心惊、啼笑皆非吗？现在我们运气好，得生于新社会中。然而那一个“考”字，宛如如来佛的手掌，你别想逃脱得了。幼儿园升小学，考；小学升初中，考；初中升高中，考；高中升大学，考；大学毕业想当硕士，考；硕士想当博士，考。考，考，考，变成烤，烤，烤；一直到知命之年，厄运仍然难免。现代知识分子落到这一张密而不漏的天网中，无所逃于天地之间，我们的人生还谈什么完满呢？

现在，在大学中，一登“学途”，则有“不到教授非好汉”之概，于是一马当先，所向无前，目标就是教授。但是，从表面上看上去，达到目标就要过五关，其困难难于上青天。可是事实上却正相反，一转瞬间，教授可坐一礼堂矣，其中奥妙，我至今未能参悟。然而，跟着来的当然是教授贬值。这是事物的规律，是无法抗御的。于是为了提高积极性，有关方面又提出了博士生导师（简称博导）的办法。无奈转瞬之间，博导又盈室盈堂，走上了贬值的道路。

在中国古代，教授似乎只不过是一个芝麻绿豆大的小官。然而，成了舶来品以后，至少是在抗日战争之前，教授却是一个显赫的头衔。虽然没有法子给他定个几品官，然而一些教授却成了大丈夫，能屈能伸。进可以攻，退可以守，身子在北京，眼里看的、心里想的却在南京。有朝一日风雷动，南京一招手，便骑鹤下金陵，当个什么行政院新闻局长，或是什么部的司长之类的官，在清代恐怕抵得上一个三四品官，是“高干”了。一旦失意，仍然回到北京某个大学，教授的宝座还在等他哩。连那些没有这样神通的教授，也是工资待遇优厚，社会地位清高。存在决定意识，于是教授就有了架子，产生了一个专门名词“教授架子”。

一部中国古代政治史至少其中一部分就是最高统治者皇帝

和大小知识分子互相利用又互相斗争，互相对付和应付，又有大棒，又有胡萝卜，间或甚至有剥皮凌迟的历史。

在中国话里，“架子”这个词儿同“面子”一样，是难以捉摸、难以形容描绘的，好像非常虚无缥缈，但它又确实存在。有极少数教授自命清高，但精神和物质待遇却非常优厚。在他们心里，在别人眼中，他们好像是高人一等，不食人间烟火，而实则饱餍粱肉，进可以攻，退可以守，其中有人确实也是官运亨通，青云直上，成了令人羡慕的对象。存在决定意识，因此就产生了架子。

一流大学的条件

如果没有五四运动，我们真不能想象今天中国的文化和教育会是一个什么样子。

我认为，每一个大学都有四种构成因素或组成部分：第一个是教师，第二个是图书设备（包括图书馆和实验室），第三个是行政管理，第四个是学生素质。

我认为，一个第一流的大学，必须有第一流的设备、第一流的图书、第一流的教师、第一流的学者和第一流的管理。五个第一流，缺一不可。我们北大可以说具备这五个第一流的。

根据中外各著名大学的经验，一所大学或其中某一个系，倘若有一个在全国或全世界都著名的大学者，则这一所大学或者这一个系就成为全国或全世界的重点和“圣地”。全国和全世界学者都以与之有联系为光荣。问学者趋之若鹜，一时门庭鼎盛，车马盈门。倘若这一个学者去世或去职，而又没有找到地位相同的继任人，则这所大学或这个系声价立即下跌，几乎门可罗雀了。这是一个众所周知的事实，是无法否认掉的。“十年浩劫”前，一位文教界的领导人说过一句话：“大学者，有大师之谓也。”在浩劫中受到严厉批判，在当时“黄钟毁弃，瓦釜雷鸣”的环境下，这是并不奇怪的。但印度古语说：“真理毕竟会胜利的。”（Satyan eva jayate）这一个朴素的真理也胜利了，大学的台柱毕竟是教师，特别是名教师、名人。

北大和清华

古人常说，某某人一身系天下安危。陈寅恪先生《挽王静安先生》诗中有一句话："文化神州丧一身。"而我却想说：北大一校系中国文化的安危与断续。

中华乃文章大国，北大为人文渊薮，两者实有密不可分的联系，倘机缘巧遇，则北大必能成为产生文学家的摇篮。五四运动时期是一个具体的例证，最近几十年来又是一个鲜明的例证。在这两个时期的中国文坛上，北大人灿若列星。

但愿你们永不忘记这一场燕园梦，永远记住自己是一个北大人，一个值得骄傲的北大人，这个名称会带给你们美丽的回忆，带给你们无量的勇气，带给你们奇妙的智慧，带给你们悠远的憧憬。有了这些东西，你们就会自强不息，无往不利，不会虚度此生。这是我的希望，也是我的信念。

北大上承几千年来太学与国子监的衣钵，师生“以天下为己任”，在文化和政治方面一向敢于冲锋陷阵。

北大的师生，在所有掊击邪恶、伸张正义的运动中，无不站在最前列，发出第一声反抗的狮子吼，震动了全国，震动了全世界，为中华民族的前进，为世界人民的前进，开辟了道路，指明了方向。北大师生中，不知出现了多少烈士，不知出现了多少可以被鲁迅称为“脊梁”的杰出人物。这有史可查，有案可稽，决非北大人的“一家之言”。中国人民实在应该为有北大这样的学府而感到极大的骄傲。

在中国现代教育史上，清华国学研究院是一个十分独特的现象。在全国都按照西方模式办学的情况下，国学研究院却带有浓厚的中国旧式的书院色彩。学生与导师直接打交道，真正做到了因材施教。其结果是，培养出来的学生后来几乎都成了大学教授，而且还都是学有成就的学者，而不是一般的教授。这一个研究院只办了几年，倏然而至，戛然而止，有如一颗火焰万丈的彗星，使人永远怀念。

清华和北大各有其优点，清华强调计划培养，严格训练；北大强调兼容并包，自由发展。各极其妙，不可偏执。

中国古代月旦人物，品评艺术，都不采用分析的方法，而是选用几个简单的、生动的、形象的，看似模糊而实则内涵极为丰富的词语，形神毕具，给人以无量的暗示能力，给人以无限的想象活动的余地。根据这一条准则，我用四个字来表示清华的校格，这四个字是：清新俊逸；给北大的则是：凝重深厚。

学术良心

从中国学术史上来看，学者们大别分为两类。一类专门从事钻研探讨，青箱传世，白首穷经，筚路蓝缕，独辟蹊径，因而名标青史，举世景仰。一类专门编写通俗文章，用现在的话来说，就是做普及工作。二者之间是有矛盾的，前者往往瞧不起后者，古人说："雕虫小技，壮夫不为。"可以充分透露其中信息。实际上，前者不乐意、不屑于做后者的工作，往往是不善于做。

拿做学问来说，天才与勤奋的关系究竟如何呢？有人说："九十九分勤奋，一分神来（属于天才的范畴）。"我认为，这个百分比应该纠正一下。七八十分的勤奋，二三十分的天才（才能），我觉得更符合实际一点。我丝毫也没有贬低勤奋的意思。无论干哪一行的，没有勤奋，一事无成。我只是感到，如果没有才能而只靠勤奋，一个人发展的极限是有限度的。

学术涵盖面极大，文、理、工、农、医，都是学术。人类社会不能无学术，无学术，则人类社会就不能前进，人类福利就不能提高；每个人都是想日子越过越好的，学术的作用就在于能帮助人达到这个目的。大家常说，学术是老老实实的东西，不能掺半点假。通过个人努力或者集体努力，老老实实地做学问，得出的结果必须是实事求是的。这样做，就算是有学术良心。

考据，严格说来，只能算是一个研究方法，其精髓就是：无证不信，“拿证据来”，不容你胡思乱想、毫无根据。在中国学术史上，考据大盛于清朝乾、嘉时代，当时大师辈出，使我们读懂了以前无法读的古书，这是它最大的贡献。

做学问，搜集资料，我一向主张要有一股“竭泽而渔”的劲头。不能贪图省力，打马虎眼。

我一向觉得，胡适之先生的两句话：大胆的假设，小心地求证，是完全正确的。自然科学和社会科学，概莫意外，假设不大胆不行，求证不小心也不行。只有二者紧密结合，才是治学的正道。

所谓大胆，就是不为过去的先人之见所限，不为权威所囿，能够放开眼光，敞开胸怀，独具只眼，另辟蹊径，提出自己的假设，甚至胡思乱想，想入非非，亦无不可。

一个人的假设，决不会一提出来就完全符合实际情况，有一个随时修改的过程。我们都有这样一个经验：在想到一个假设时，自己往往诧为“神来之笔”，是“天才火花”的闪烁，而狂欢不已。可是这一切都并不是完全可靠的。假设能不能成立，完全依靠求证。求证要小心，要客观，决不允许厌烦，更不允许马虎。要从多层次、多角度上来求证，从而考验自己的假设是否正确，或者正确到什么程度，哪一部分正确，哪一部分又不正确。所有这一切都必须实事求是，容不得丝毫私心杂念，一切以证据为准。证据否定掉的，不管当时显得多么神奇，多么动人，都必须毅然毫不吝惜地加以扬弃。部分不正确的，扬弃部分。全部不正确的，扬弃全部。

什么是“国学”呢？简单地说，“国”就是中国，“国学”就是中国的学问，传统文化就是国学。现在对传统文化的理解歧义很大。按我的观点，国学应该是“大国学”的范围，不是狭义的国学。既然这样，那么国内各地域文化和五十六个民族的文化，就都包括在“国学”的范围之内。地域文化和民族文化有各种不同的表现形式，但又共同构成中国文化这一文化共同体。

中国的博士和西方的博士不一样。在一些中国人心目中，博士是学术生活的终结，而在西方国家，博士则只是学术研究的开端。

汉语只有单字，没有字母，没有任何形态变化，词性也难以确定，有时难免显得有点模糊。在五四运动期间和以后一段时间内，有人就想进行改革，不是文字改革，而是语言改革，鲁迅就是其中之一，胡适也可以算一个。到了现在，“语言改革”的口号没有人再提了。但是研究汉语的专家们的那一套分析汉语语法的方式，我总认为是受了研究西方有形态变化的语言的方法的影响。我个人认为，这一条路最终是会走不通的。

从今天的世界情势来看，外语中最重要的是英语，它已经成为名副其实的世界语。这种语言，我们必须熟练掌握，不但要能读，能译，而且要能听，能说，能写。

根据我个人几十年的经验和观察，我觉得，学习外语学到百分之五六十，一般中人之资是完全可以做到的。学到百分之七八十，就很不容易了。想要达到百分之九十以上，那就不是每一个人都能做到的。至于百分之百，一个外国人万难达到。我常常打一个比方，每一种外语都有一个门槛，类似鲤鱼跳龙门的龙门。

这个龙门的特点，每一种语言却不相同。大半不出现在实词上，而出现在虚词上。实词使用起来比较不太困难，而虚词则颇难。没有一个比较长期地使用这种语言的过程，特别是在口语方面，虚词是难以使用的，勉强使用也会让人感到别扭，甚至可笑。

文人的气节

我们中国（制约社会活动求得安宁的）办法就是利用几千年传下来的文化，特别是其中的精义纲纪的学说来调整人际关系，人际关系得到调整，则社会安定也就有了保障。再济之以法，那么天下就可以太平了。我觉得，读朱自清先生的《背影》，就应该把眼光放远，远到齐家、治国、平天下，然后才能真正体会到这篇名文所蕴涵的真精神。若只拘泥于欣赏真挚感人的父子之情，则眼光就未免太短浅了。《背影》表现的就正是三纲之一的父子这一纲的真精神。中国一向主张父慈子孝。

真正懂得饮食精美的是一批文人。但文人往往是阮囊羞涩，兜里没有钱，因而必须依附他人，主要是官僚和商人，后者尤甚。文人是真正懂得饮食精美的，清代袁子才就是一个好例子。郑板桥等“扬州八怪”大概也是如此。但是他们最多只是“七品官”耳，有的竟是“布衣”。他们之所以聚集在扬州，因为这里有盐商，个个腰缠万贯，富得流油，偏又想附庸风雅，于是文人与商人相结合，而饮食就愈加精美了。

古人说：“人生识字忧患始。”这实在是见道之言。“识字”，当然就是知识分子了。一戴上这顶帽子，“忧患”就开始向你奔来。

从历史上到现在，中国知识分子有一个“特色”，这在西方国家是找不到的。中国历代的诗人、文学家，不倒霉则走不了运。

中国知识分子是一种很奇怪的群体，是造化小儿加心加意创造出来的一种“稀有动物”。虽然“十年浩劫”中，他们被批为“一心只读圣贤书”的“修正主义”分子，这实际上是冤枉的。这样的人不能说没有，但是，主流却正相反。几千年的历史可以证明，中国知识分子最关心时事，最关心政治，最爱国。这最后一点，是由中国历史环境所造成的。在中国历史上，没有哪一天没有虎视眈眈伺机入侵的外敌。历史上许多赫然有名的皇帝，都曾受到外敌的欺侮。老百姓更不必说了。存在决定意识，反映到知识分子头脑中，就形成了根深蒂固的爱国心。“天下兴亡，匹夫有责”，不管这句话的原形是什么样子，反正它痛快淋漓地表达了中国知识分子的心声。

中国知识分子很多都标榜自己无意为官，而实则正相反。一个最有典型意义又众所周知的例子就是“大名垂宇宙”的诸葛亮。他高卧隆中，看来是在隐居，实则他最关心天下大事，他的“信息源”看来是非常多的。否则，在当时既无电话、电报，甚至连写信都十分困难的情况下，他怎么能对天下大势了如指掌，因而写出了有名的《隆中对》呢？他经世之心昭然在人耳目，然而却偏偏让刘先主三顾茅庐然后才出山“鞠躬尽瘁”。

中国古代知识分子贫穷落魄的多。有诗为证：“文章憎命达。”文章写得好，命运就不亨通；命运亨通的人，文章就写不好。那些靠文章中状元、当宰相的人，毕竟是极少数。而且中国文学史上根本就没有哪一个伟大文学家中过状元。《儒林外史》是专写知识分子的小说。吴敬梓真把穷苦潦倒的知识分子写活了。没有中举前的周进和范进等的形象，真是入木三分，至今还栩栩如生。

中国历史上一批穷困的知识分子，贫无立锥之地，决不会有面团团的富家翁相。中国诗文和老百姓嘴中有很多形容贫而瘦的穷人的话，什么“瘦骨嶙峋”，什么“骨瘦如柴”，又是什么“瘦得皮包骨头”，等等，都与骨头有关。这一批人一无所有，最值钱的仅存的“财产”就是他们这一身瘦骨头。这是他们人生中最后的一点“赌注”，轻易不能押上的，押上一输，他们也就“涅槃”了。然而他们却偏偏喜欢拼命，喜欢拼这一身瘦老骨头。他们称这个为“骨气”。

骨头本来就讲一种生理的东西，用到人身上，就是指人要讲气节。孟子就讲富贵不能淫，贫贱不能移，威武不能屈，此之谓大丈夫。富贵我们也不怕，贫贱我们也不怕，威武我们也不怕，这在别的国家是没有的。就是说作为一个人，我有我的人格，顶天立地，不管你多大的官，多么有钱，你做得不对我照样不买你的账。

中国古人大概认为，要走路，必须站在坚硬的土地上，天空中没有土地；但是，从下面看上去，云彩似乎是固体的东西，在天空中，要站的话，只能站在云彩上，于是就出现了“驾云”“腾云驾雾”一类的词儿，神仙与云彩就无法分开了。

中国古人说：“食、色，性也。”爱情，特别是结婚，总是同“色”相联系的。家喻户晓的《西厢记》歌颂张生和莺莺的爱情，高潮竟是一幕“酬简”，也就是“以身相许”。个中消息，很值得我们参悟。

从前西湖有一座月老祠，有一副对联是天下闻名的：“愿天下有情人都成了眷属，是前生注定事莫错过姻缘。”多么质朴，多么有人情味！只有对某些人来说，“前生”和“姻缘”显得有点渺茫和神秘。可是，如果每一对夫妇都回想一下你们当初相爱和结婚的过程的话，你能否定月老祠的这一副对联吗？

爱国成性

我一向认为，中国知识分子，由几千年历史环境所决定，爱国成性。

爱国主义这个词是一个很好的词，大家一听爱国主义，都是不会批判的，因为每个民族都有权利爱自己的国家。但它同我们市场上的货物一样，有真货，有假货，有冒牌的。

当然，我们讲爱国主义要分场合，例如抗日战争里，我们中国喊爱国主义是好词，因为我们是正义的，是被侵略、被压迫的。压迫别人、侵略别人、屠杀别人的"爱国主义"是假的，是军国主义、法西斯。所以我们讲爱国主义要讲两点：一是我们决不侵略别人，二是我们决不让别人侵略。这样爱国主义就与国际主义、与气节联系上了。

爱国主义有两个层次：一般的层次是我爱我的国家，不允许别人侵略；更高层次的则是陈（寅恪）先生式的爱国、王国维先生式的爱国。

歌颂我们的国家是爱国，对我们国家的不满也是爱国，这是我的看法。

一九三九年，第二次世界大战正式开幕。我原以为像这样杀人盈野、积血成河的人类极端残酷的大搏斗，理应震撼三界，摇动五洲，使禽兽颤抖，使人类失色。然而，我有幸身临其境，只不过听到几次法西斯头子狂嚎——这在当时的德国是司空见惯的事——好像是春梦初觉，无声无息地就走进了战争。战争初期阶段，德军的胜利使德国人如疯如狂，对我则是一个打击。他们每胜利一次，我就在夜里服安眠药一次。积之既久，失眠成病，成了折磨我几十年的终生痼疾。

第八章

不完满才是人生

每个人都争取一个完满的人生。然而，自古及今，海内海外，一个百分之百完满的人生是没有的。所以我说，不完满才是人生。

幻想救世主

“文化大革命”是一个千载难逢的“盛事”。如果我自己不跳出来，就决不可能亲自尝一尝这一场“革命”的滋味，决不可能了解这一场灾难究竟是什么样子。

要想破四旧，地球上最旧的东西无疑是地球本身，被破的对象地球应当首当其冲。顺理成章地讲，为什么不先把地球破掉呢？

没有安定团结，我们的经济很难搞上去，我们的政治也很难发挥应有的作用。然而我们需要的是真正的安定团结，而不是虚假的安定团结。在许多知识分子，特别是老知识分子还有一肚子气的情况下，真正的安定团结从何而来呢？

至于我衷心拥护了十年的“文化大革命”，则另是一大码事。这是中国历史上空前的最野蛮、最残暴、最愚昧、最荒谬的一场悲剧，它给伟大的中华民族脸上抹了黑。我们永远不应忘记！

“为人民服务”五个字，很多地方都能看到。好像只要写上这五个字，为人民服务的工作就已完成。至于服不服务，那是极其次要的事情了。

我在政治方面是后知后觉，我也着了迷似地参加造神活动，甚至失掉了最起码的常识。人家说，一亩地能产五十万斤粮食，我也深信不疑，“人有多大胆，地有多大产”嘛！我膜拜在自己造的神脚下，甚至幻想以自己的性命来表达忠诚。结果被神打倒在地，差一点丢掉了小命。

我痛恨自己在政治上形同一条蠢驴，对所谓“无产阶级文化大革命”这一场残暴、混乱、使我们伟大的中华民族蒙羞忍耻、把我们国家的经济推向绝境、空前、绝后——这是我的希望——至今还没人能给一个全面合理的解释的悲剧，有不少人早就认识了它的实质，我却是在“四人帮”垮台以后脑筋才开了窍。我实在感到羞耻。我的脑筋一旦开了窍，我就感到当事人处理这一场灾难的方式有问题。粗一点比细一点好，此话未必毫无道理。但是，我认为，我们粗过了头。

虽然有一段时间流行过一阵所谓“伤痕”文学。然而，根据我的看法，那不过是碰伤了一块皮肤，只要用红药水一擦，就万事大吉了。真正的伤痕还深深埋在许多人的心中，没有表露出来。我期待着当事人有朝一日会表露出来。

我日日盼，月月盼，年年盼；然而到头来却是失望，没有人肯动笔写一写，或者口述让别人写。我心里十分不解，万分担忧。这场空前的灾难，若不留下点记述，则我们的子孙将不会从中吸取应有的教训，将来气候一旦适合，还会有人发疯，干出同样残暴的蠢事。

我同绝大多数的中老年知识分子和教师一样，怀着绝对虔诚的心情，向往光明，向往进步。觉得自己真正站起来了，大有飘飘然羽化而登仙之感，有点忘乎所以了。我从一个最初喊什么人万岁都有点忸怩的低级水平，一踏上“革命”之路，便步步登高，飞驰前进；再加上天纵睿智，虔诚无垠，全心全意，投入造神运动中。常言道：“众生拾柴火焰高。”大家群策群力，造出了神，又自己膜拜，完全自觉自愿，决无半点勉强。对自己则认真进行思想改造。

我的地位长期悬在空中，心里老是嘀嘀咕咕，坐卧不宁。后来我逐渐发现，自己还没有被划归敌我矛盾。有这一点，我就放心了。我仍然是“人民”，这对我来说是天大的事情。我于是打着人民的招牌，逍遥起来了。

在当时，在敌我矛盾与人民内部矛盾之间，在人民与所谓“反革命分子”之间，横着一条其宽无比、其深无比的鸿沟。如果处在鸿沟这一边，在人民的这一边，许多事情都很好办，即使办错一件事，说错一句话，这都算是一时不小心所犯的错误，没有什么了不起。但是，如果被划到对岸去，成为敌人，那就会有无限的麻烦，即使夹起尾巴，处处谨小慎微，决不敢乱说乱动。

划分敌我、划分两类不同性质的矛盾，这个权力掌握在谁手里呢？我真有点说不清楚。我的脑筋简单，百思不得其解。虽然我暂时处在鸿沟的这一岸，但是却感觉到，自己像是在走钢丝，一不小心，就能跌落下去，跌落到鸿沟的对岸。那就等于跌落到地狱里，永世不得翻身了。

当时，当众检查自己的思想叫做“洗澡”，“洗澡”有小、中、大三盆。我是系主任，必须洗中盆，也就是在系师生大会上公开检查。因为我没有什么民愤，没有升入大盆，也就是没有在全校师生大会上检查。在中盆里，水也是够热的。大家发言异常激烈，有的出于真心实意，有的也不见得。我生平破天荒第一次经过这个阵势。句句话都像利箭一样，射向我的灵魂。但是，因为我仿佛变成一个基督教徒，怀着满腔虔诚的“原罪”感，好像话越是激烈，我越感到舒服，我舒服得浑身流汗，仿佛洗的是土耳其蒸气浴。大会最后让我通过以后，我感动得真流下了眼泪，感到身轻体健，资产阶级思想仿佛真被廓清。

这种打着劳动的旗号折磨人的办法，只是改造人的身体，而决不会改造人的灵魂。如果还能达到什么目的的话，我的自暴自弃就是一个最好的例证。折磨的结果只能使人堕落，而不能使人升高。

我原来是相信性善说的，我相信，恻隐之心人皆有之的。从被抄家的一刻起，我改变了信仰，改宗性恶说。

如果我安分守己、老老实实的话，我本可以成为一个逍遥自在的逍遥派，痛痛快快地混上几年的。然而，幸乎？不幸乎？天老爷赋予了我一个犟劲，我敢于仗义执言。如果我身上还有点什么值得称扬的东西的话，那就是这一点犟劲。

运动一个接着一个，针对的全是知识分子。批完了《武训传》，批俞平伯，批完了俞平伯，批胡适，一路批，批，批，斗，斗，斗，最后批到了陈寅恪头上。……老年反思，我在政治上是个蠢材，对这一系列的批和斗，我是心悦诚服的，一点没有感到其中有什么问题。我虽然没有明确地意识到，在我灵魂深处，我真认为中国老知识分子就是“原罪”的化身，批是天经地义的。但是，一旦批到了陈寅恪先生头上，我心里却感到不是味。虽然经人再三动员，我却始终没有参加到这一场闹剧式的大合唱中去。

我一天二十四小时都在提心吊胆中。不管是什么时候，也不管是什么地方，在家里，在劳动的地方，红卫兵一到，我立刻就被押解着到什么地方去接受批斗，同劳改前一模一样。因此，即使在一个非常僻远几乎是人迹不到的地方，只要远处的红卫兵的红袖章红光一闪，我就知道，自己的灾星又到了。我现在已经变成了不会说话的牲畜，一言不发，一句不问，乖乖地被押解着走。

（我）不敢走阳关大道怎么办呢？那就专拣偏僻的小路走。在“十年浩劫”期间，北大这样的小路要比现在多得多。这样的小路大都在老旧房屋的背后，阴沟旁边。这里垃圾成堆，粪便遍地，杂草丛生，臭气熏天。平常是绝对没有人来的。现在却成了我的天堂。这里气味虽然有点难闻，但是非常安静，野猫野狗是经常能够碰到的。猫狗的“政治觉悟”很低，完全不懂“阶级斗争，一抓就灵”。它们不知道我是“黑帮”，只知道我是人，对人它们还是怕的。到了这个环境里，平常不敢抬的头敢抬起来了。平常不敢出的气现在敢出了，也还敢抬头看蔚蓝色的天空，心中异常地快乐。对这里的臭气，我不但不想掩鼻而过，还想尽量多留一会。这里真是我这类人的天堂。

现在我仿佛成了躺在砍头架下的死囚，时时刻刻等待利刃从架上砍向我的脖颈。原来我认为天地是又宽又大的。现在才觉得，天地是极小极小的，小得容不下我这一身单薄的躯体。

我幻想能有一个救世主，大慈大悲，忽然大发善心，结束这一场浩劫，至少对像我这样无辜的人加恩，把我解放。我从来没有相信任何教门，上帝，天老爷，佛爷，菩萨，我都不去祈祷。

爬格子的价值

我的工作主要是爬格子。几十年来，我已经爬出了上千万的字。这些东西都值得爬吗？我认为是值得的。我爬出的东西不见得都是精金粹玉，都是甘露醍醐，吃了能让人升天成仙。但是其中决没有毒药，决没有假冒伪劣，读了以后至少能让人获得点享受，能让人爱国，爱乡，爱人类，爱自然，爱儿童，爱一切美好的东西。

中国学术传统有所谓“由博返约”的说法。我觉得，这一个“博”与“约”是只限制在同一研究范围以内的。“博”指的是在同一研究领域内把基础打得宽广一点，而且是越宽广越好。然后再在这个宽广的基础上集中精力，专门研究一个或几个课题。由于眼界开阔，研究的深度就能随之而来。我个人的研究同这个有点类似之处，但是我并不限制在同一领域内，所以我不能属于“由博返约”派。

我只有采用一个最原始、最笨、可又决不可避免的办法，这就是找出原书，一行行，一句句地读下去，像砂里淘金一样，搜寻有用的材料。我曾经从一九九三年至一九九四年用了差不多两年的时间，除了礼拜天休息外，每天来回跋涉五六里路跑一趟北大图书馆，风雨无阻，寒暑不辍。我面对汪洋浩瀚的《四库全书》和插架盈楼的书山书海，枯坐在那里，夏天要忍受书库三十五六摄氏度的酷暑，挥汗如雨，耐心地看下去。有时候偶尔碰到一条有用的资料，便欣喜如获至宝。但有时候也枯坐半个上午，把白内障尚不严重的双眼累得个“一佛出世，二佛升天”，却找不到一条有用的材料，嗒然拖着疲惫的双腿，返回家来。经过了两年的苦练，我炼就一双火眼金睛，能目下不是十行，二十行，而是目下一页，而遗漏率却小到几乎没有的程度。

对我自己来说，文章能抒发我的感情，表露我的喜悦，缓解我的忿怒，激励我的志向。这样的好处已经不算少了。

我一生勤奋不辍，天天都在读书写文章，但一遇到一个必须深入或更深入钻研的问题，就觉得自己知识不够，有时候不得不临时抱佛脚。人们都承认，自知之明极难；有时候，我却觉得，自己的“自知之明”过了头，不是虚心，而是心虚了。因此，我从来没有觉得自满过。

大概从一九七三年开始，在看门房、守电话之余，着手翻译。我一定要译文押韵。但有时候找一个适当的韵脚又异常困难，我就坐在门房里，看着外面来来往往的人，大半都不认识，只见眼前人影历乱，我脑筋里却想的是韵脚。下班时要走四十分钟才能到家，路上我仍搜索枯肠，寻求韵脚，以此自乐，实不足为外人道也。

信念所怀

我们都有两个母亲。我们平常只知道，我们有一个母亲，就是生身之母。仔细考虑起来，应该说，我们都有两个母亲。除了生身之母外，还有一个养身之母，这就是我们的祖国。我们出生以后，由小渐长，所有的衣食住行之所需，都是祖国大地生长出来的东西。称祖国为养身之母，是非常恰当的。

我在任何文章中讲的都是真话，我不讲半句谎话。我决不说半句谎言，决不添油加醋。我的经历是什么样子，我就写成什么样子。

多少年来，我成了陶渊明的信徒。他的那一首诗："纵浪大化中，不喜亦不惧。应尽便须尽，无复独多虑。"我感到，我现在大体上能够做到了，对生死之事，我确实没有多虑。关键在一个“应”字，这个“应”字由谁来掌管，由谁来决定呢？我不能知道，反正不由我自己来决定。既然不由我自己来决定，那么——由它去吧。

时间是毫不留情的，它真使人在自己制造的镜子里照见自己的真相！

我有一个真正是荒谬的想法：如果一个医生对他自己所研究所治疗的那种病也患上一点的话，他对那种病会有切肤的感性认识，同病人有共同的语言，治疗起来会更方便。

理想不管怎样简单，只要肯干，就能成功，“干”能胜过一切困难，一切偏见。

个人的意见不管一时觉得多么正确，其实这还是一个未知数。时过境迁，也许会发现它并不正确，或者不完全正确。到了此时，必须有勇气公开改正自己的错误意见。

走运有大小之别，倒霉也有大小之别，而两者往往是相通的。走的运越大，则倒的霉也越惨，二者之间成正比。

把成功的三个条件拿来分析一下，天资是由“天”来决定的，我们无能为力。机遇是不期而来的，我们也无能为力。只有勤奋一项完全是我们自己决定的，我们必须在这一项上狠下工夫。

一个有天才的人，认准了一个问题，于是心无旁骛，精神专注，此时此刻，世界万有不存在了，芸芸众生不存在了，是非得失不存在了，飞黄腾达不存在了，在茫茫的宇宙中，只有他眼前的这一个问题，这一件事物。在这样的情况下，他焉能不发古人未发之覆，焉能不向绝对真理走近一步呢？

我常常自己警告说：人吃饭是为了活着，但活着决不是为了吃饭。人的一生是短暂的，决不能白白把生命浪费掉。如果我有一天工作没有什么收获，晚上躺在床上就疚愧难安，认为是慢性自杀。

在时间面前，人人平等。

每个人都争取一个完满的人生。然而，自古及今，海内海外，一个百分之百完满的人生是没有的。所以我说，不完满才是人生。

在人生的道路上，每一个人都是孤独的旅客。

根据我个人的观察，对世界上绝大多数人来说，人生一无意义，二无价值。

我不相信，人们肉体中还有一个灵魂。

每人都在人生的重压下，戴了面具，作出种种的怪形。

我坐汽车进城的时候，我观察到几乎每个人头上都有顶毡帽，然而又都非常难看。在车窗外面，猛一闪我又看见了一个戴瓜皮帽的。因此想到，毡帽实在是西洋的东西，现在是被中国采用了。同时又有瓜皮帽存在着，实在是一种不调和。就这种不调和实在是人生一切悲剧的起因，再进一步说一句，不调和就是人生，人生就是不调和的。

每一个人都有一个自我，自我当然离自己最近，应该最容易认识。事实证明正相反，自我最不容易认识。所以古希腊人才发出了 Know thyself[1] 的惊呼。一般的情况是，人们往往把

[1] Know thyself：认识你自己。

自己的才能、学问、道德、成就等等评估过高，永远是自我感觉良好。这对自己是不利的，对社会也是有害的。许多人事纠纷和社会矛盾由此而生。

我常常想，天才往往是偏才。他们大脑里一切产生智慧或灵感的构件集中在某一个点上，别的地方一概不管，这一点就是他的天才之所在。

一个人除了为自己着想外，能为别人着想的水平达到百分之六十，他就算是一个好人。水平越高，当然越好。那样高的水平恐怕只有少数人能达到了。

大概由于我水平太低，我不大敢同意“毫不利己，专门利人”这种想法，一个“毫不”，再加上一个“专门”，把话说得满到不能再满的程度。试问天下人有几个人能做到。

对于人类的前途，我始终是一个乐观主义者。我相信，不管还要经过多少艰难曲折，不管还要经历多少时间，人类总会越变越好的，人类大同之域决不会仅仅是一个空洞的理想。但是，想要达到这个目的，必须经过无数代人的共同努力。有如接力赛，每一代人都有自己的一段路程要跑。又如一条链子，是由许多环组成的，每一环从本身来看，只不过是微末不足道的一点东西；但是没有这一点东西，链子就组不成。在人类社会发展的长河中，我们每一代人都有自己的任务，而且是绝非可有可无的。如果说人生有意义与价值的话，其意义与价值就在这里。

任何人的一生都是一场搏斗。在这一场搏斗中，如果没有朋友，则形单影只，鲜有不失败者。如果有了朋友，则众志成城，鲜有不胜利者。

我觉得，碰到一件事，决不能不思而行，鲁莽行动。记得当年在德国时，法西斯统治正如火如荼。一些盲目崇拜希特勒的人，常常使用一个词儿 Darauf-galngertum，意思是“说干就干，不必思考”。这是法西斯的做法，我们必须坚决扬弃。遇事必须深思熟虑，先考虑可行性，考虑的方面越广越好。然后再考虑不可行性，也是考虑的方面越广越好。正反两面仔细考虑完以后，就必须加以比较，作出决定，立即行动。如果你考虑正面，又考虑反面之后，再回头来考虑正面，又再考虑反面，那么，如此循环往复，终无宁日，最终成为考虑的巨人，行动的侏儒。所以，我赞成孔子的“再，斯可矣”。

天下有没有傻瓜？有的，但却不是被别人称作“傻瓜”的人，而是认为别人是傻瓜的人，这样的人自己才是天下最大的傻瓜。

好多年来，我曾有过一个“良好”的愿望：我对每个人都好，也希望每个人对我都好。只望有誉，不能有毁。最近我恍然大悟，那是根本不可能的。

所谓“净土”，指的就是我们常说的天堂、乐园。是许多宗教信徒烧香念佛，查经祷告，甚至实行苦行，折磨自己，梦寐以求想到达的地方。据说在那里可以享受天福，得到人世间万万得不到的快乐。我看了（敦煌）壁画上画的房子、街道、树木、花草，以及大人、小孩，林林总总，觉得十分热闹。可我觉得没有什么出奇之处。只有一件事给我留下了永不磨灭的印象，那就是，那里的人们都是笑口常开，没有一个人愁眉苦脸，他们的日子大概过得都很惬意。不像在我们人间有这样许多不如意的事情，有时候办点事，还要找后门，钻空子。

给我印象最深，使我最为吃惊或者羡慕的还是他们对待要死的人的态度。那里的人，大概同人世间的猫们差不多，能预先知道自己寿终的时刻。到了此时，要死的老嬷嬷或者老头，健步如飞地走在前面，身后簇拥着自己的子子孙孙、至亲好友，个个喜笑颜开，全无悲戚的神态，仿佛是去参加什么喜事一般，一直把老人送进坟墓。……我觉得，净土中的人们给我们人类争了光。他们这一手比猫们又漂亮多了。知道必死，而又兴高采烈，多么豁达！多么聪明！猫们能做得到吗？这证明，净土里的人们真正参透了人生奥秘，真正参透了自然规律。

学者们常说："真理愈辨愈明。"我也曾长期虔诚地相信这一句话。但是，最近我忽然大彻大悟，觉得事情正好相反，真理是愈辨愈糊涂。

我决不反对一个人对自己本能的爱，应该把这种爱引向正确的方向。如果把它引向自命不凡，引向自命"天才"，引向傲慢，则会损己而不利人。我害怕的就是这样的"天才"。

这（家庭）是一个真正的安身立命之处，在这里人们主要祈求的就是温馨。

在任何时代，人生都是一场搏斗，搏斗就难免惊涛骇浪。在这样的浪涛中，有胜利者，当然也有失败者。在整个社会中，家庭对这样的浪涛来说，就是一个安全的避风港。胜利者回到这个避风港中，在温馨的气氛中，细细品味这胜利的甜蜜；失败者回到这个避风港中，追忆和分析失败的教训，家庭的温馨会增强他的斗志。回忆之余，奋然而起，他又有了足够的勇气和力量，再回到社会中，继续拼搏，勇往直前，必须胜利在握而后止。

对世界来说，他是一个世界公民。对国家来说，他是一个国家公民。对社会来说，他是其中的一分子。他应当在道德方面不断修养和锻炼，能做到苟日新，又日新，日日新，成为一个有用的人，成为一个正直的人。对世界，对国家和社会，对家庭都能尽上应尽的责任。

人际关系和国际关系，都需要一定道德伦理的制约，纲纪就是制约的手段。没有这个手段，则国将大乱，国际间也不会安宁。打一个简单明了的比方，纲纪犹如大街上的红绿灯。试思：如果大街上没有了红绿灯，情况将会何等混乱，不是一想就明白吗？

最好脑海里思考问题，不要单打一，同时要思考几个，而且要念念不忘，永远不让自己的脑子停摆，永远在思考着什么。这样一来，你搜集面就会大得多，漏网之鱼也就少得多。

材料当然也就积累得多，养兵千日，用兵一时；一旦用起来，你就左右逢源了。

人和其他生物一样，其“性”就是“食、色，性也”的“性”；其本质是一要生存，二要温饱，三要发展。人的一生就是同这种本能作斗争的一生。有的人胜利了，也就是说，既要自己活，也要让别人活，他就是一个合格的人。让别人活的程度越高，也就是为别人着想的程度越高，他的“好”，或“善”，也就越高。“宁要我负天下人，不要天下人负我”，是地道的坏人，可惜的是，这样的人在古今中外并不少见。

我首创了三“不”主义：不锻炼，不挑食，不嘀咕。名闻全国。我这个三不主义，容易招误会，我现在利用这个机会解释一下。我并不绝对反对适当的体育锻炼，但不要过头。一个人如果天天望长寿如大旱之望云霓，而又绝对相信体育锻炼，则此人心态恐怕有点失常，反不如顺其自然为佳。至于不挑食，其心态与上面相似。常见有人年才逾不惑，就开始挑食，蛋黄不吃，动物内脏不吃，每到吃饭，战战兢兢，如履薄冰，窘态可掬，看了令人失笑。以这种心态而欲求长寿，岂非南辕而北辙！我个人认为，第三点最为重要。对什么事情都不嘀嘀咕咕，心胸开朗，乐观愉快，吃也吃得下，睡也睡得着，有问题则设法解决之，有困难则努力克服之，决不视芝麻绿豆大的窘境如苏迷庐山[1]般大，也决不毫无原则随遇而安，决不玩世不恭。“应尽便须尽，无复独多虑。”有这样的心境，焉能不健康长寿？

一个人过了幼稚阶段，有意识地或无意识地会感到，人类必须互相依存，才都能活下去。如果一个人只想到自己，或都是绝对地想到自己，那么，社会就难以存在，结果谁也活不下去。

有谁没从童年经过的呢？只要不生下来就死去，总要经过童年的。无论以后成龙成蛇，变成党国要人，名流学者，或者引车卖浆之流；但当他在童年的时候，他总是一个小孩子，同一切别的小孩子一样。他有一个小孩子的要求。但这要求，却十有八九不能达到，因为他的父母对他有一个对大人的要求。至于他在当时因失望而悲哀的心理，恐怕只有他一个人了解。但是，可怜的人们！人类终是善忘的。对这悲哀的心理，连他自己都渐渐模糊起来，终于忘得连一点痕迹都没有了。当他由小孩而升为大人时候，他忘记了自己是小孩子过，又对自己的

[1] 苏迷卢山。

小孩子有以前他父母对他的要求。

爱猫是一件微不足道的事，当然不能提高到世界大局、人类前途等等的水平上来评论；但是对某一些爱猫的人来说，却决不是可有可无的小事。小猫能带给他们从别的地方得不到的快乐。对这些人来说，难道这不能算是大事吗？

我现在立一新义：在大多数情况下，只有到杂志缝里才能找到新意。在大部头的专著中，在字里行间，也能找到新意的，旧日所谓“读书得间”，指的就是这种情况。因为，一般说来，杂志上发表的文章往往只谈一个问题、一个新问题，里面是有新意的。你读过以后，受到启发，举一反三，自己也产生了新意，然后写成文章，让别的学人也受到启发，再举一反三。如此往复循环，学术的进步就寓于其中了。

我有一个怪论：一个人一生不可能没有朋友，也不可能没有非朋友。我在这里不用“敌人”这个词，而用“非朋友”，是因为非朋友不一定就是敌人。

一真二忍

对待一切善良的人，不管是家属，还是朋友，都应该有一个两字箴言：一曰真，二曰忍。真者，以真情实意相待，不允许弄虚作假。对待坏人，则另当别论。忍者，相互容忍也。

我喜欢的人约略是这样的：质朴、淳厚、诚恳、平易；骨头硬，心肠软；怀真情，讲真话；不阿谀奉承，不背后议论；不人前一面，人后一面；无哗众取宠之意，有实事求是之心；不是丝毫不考虑自己的利益，而是能多为别人考虑；最重要的是能分清是非，又敢分清；从而敢于路见不平，拔刀相助，嫉恶如仇；关键是一个“真”字，是性情中人；最高水平当然是孟子所说的“富贵不能淫，贫贱不能移，威武不能屈”。

我相信，我同朋友之间就是有缘分的。我们一见如故，无话不谈。没见面时，总惦记着见面的时间；既见面则如鱼得水，心旷神怡；分手后又是朝思暮想，忆念难忘。对我来说，他们不是亲属，胜似亲属。有人说："人生得一知己足矣。"我得到的却不只是一个知己，而是一群知己。

李慎之先生在《守死善道 强哉矫》那一篇文章里引用了古人的话："朋友，以义合者也。"我认为，这是涵义深刻的一句话。但是，什么叫"义"呢？韩文公说："行而宜之之谓义。"这仍然是"妻者，齐也"同音相训的老套。我个人觉得，"义"起码包含着肝胆相照这样一层意思，就是说，朋友之间不说假话，要讲真实的话。

我写日记，有感即发，文不加点，速度极快，从文字上来看，有时难免有披头散发之感，却有一种真情流贯其中，与那种峨冠博带式的文章迥异其趣。我爱上了这些粗糙但却自然无雕饰的东西。

古代文人到了晚年往往自订文集，殚精竭虑，选精拔萃，把自己一生的文章仔仔细细地审查一遍，把自己不满意的全部删除，只留下自己认为满意的若干篇编为文集，藏之名山，传之其人。听说当代也有一些文人，到了晚年，自订文集，采取上述的古人的原则。这种做法，我期期以为不可，这有点欺骗读者的嫌疑。我最讨厌说，什么是什么的上帝，但我现在不得不说“读者是作者的上帝”。上帝是不能、不应欺骗的。自己的一生是个什么样子，应该赤裸裸地摆在上帝面前，由上帝去去伪存真，去粗取精，从而能够得到点有益的东西，这是唯一的正道。

谦虚是美德，但必须掌握分寸，注意东西。在东方谦虚涵盖的范围广，不能施之于西方，此不可不注意者。然而，不管东方或西方，必须出之以真诚。有意的过分的谦虚就等于虚伪。

我在这里发现了一条定理：年龄大小与处境坎坷同对世态炎凉的感受成正比。年龄越大，处境越坎坷，则对世态炎凉感受越深刻。反之，年龄越小，处境越顺利，则感受越肤浅。

任何一个人，包括我自己在内，以及任何一个生物，从本能上来看，总是趋吉避凶的。因此，我没怪罪任何人，包括打过我的人。我没有对任何人打击报复。并不是由于我度量特别大，能容天下难容之事，而是由于我洞明世事，又反求诸躬。假如我处在别人的地位上，我的行动不见得会比别人好。

我认为，能为国家，为人民，为他人着想而遏制自己的本性的，就是有道德的人。能够百分之六十为他人着想，百分之四十为自己着想，他就是一个及格的好人。为他人着想的百分比越高越好，道德水平越高。百分之百，所谓“毫不利己、专门利人”的人是绝无仅有。

信缘分与不信缘分，对人的心情影响是不一样的。信者胜可以做到不骄，败可以做到不馁，决不至于胜则忘乎所以，败则怨天尤人。中国古话说：“尽人事而听天命。”首先必须“尽人事”，否则馅儿饼决不会自己从天上落到你嘴里来。但又必须“听天命”。人世间，波诡云谲，因果错综。只有能做到“尽人事而听天命”，一个人才能永远保持心情的平衡。

我认为，应当恐惧而恐惧者是正常的，应当恐惧而不恐惧者是英雄，我们平常所说的从容镇定，处变不惊，就是指的这个。不应当恐惧而恐惧者是孱头。不应当恐惧而不恐惧者也是正常的。

记得鲁迅曾说过，干损人利己的事还可以理解，损人又不利己的事千万干不得。我现在利用鲁迅的话来给坏人作一个界定：干损人利己的事是坏人，而干损人又不利己的事，则是坏人之尤者。

慈善可以是很高的层次，无私奉献，也可以有利己的目的，比如图个好名声，或者避税，或者领导号召不得不响应；为慈善付出的可以很大也可以很少，可以是金钱也可以是时间、精神，层次很多，幅度很大。不管在什么条件下，出于什么动机，只要他参与了，他就开始了他的道德积累。所以我主张慈善不要问动机。

我看我

每一个人都有一个“我”，二者亲密无间，因为实际上是一个东西。按理说，人对自己的“我”应该是十分了解的；然而，事实上却不尽然。依我看，大部分人是不了解自己的，都是自视过高的。

我常以知了自比。知了的幼虫最初藏在地下，黄昏时爬上树干，天一明就脱掉下旧壳，长出了翅膀，长鸣高枝，成了极富诗意的虫类，引得诗人“倚杖柴门外，临风听暮蝉”了。我现在就是一只长鸣高枝的蝉，名声四被，头上的桂冠比“文革”中头上戴的高帽子还要高出多多，有时候我自己都觉得脸红。其实我自己深知，我并没有那么好。然而，我这样发自肺腑的话，别人是不会相信的。

常言道，天佑善人。我是个善人吗？我给自己的评价是：一个平平常常的好人，但不是一个不讲原则的滥好人。

一个人受不受人尊敬，完全决定于你有没有值得别人尊敬的地方。

我七十年前不是圣人，今天不是圣人，将来也不会成为圣人。

真话不全说，假话全不说。至于说真话与说谎，这当然也是衡量品行的一个标准。我说过不少谎话，因为非此则不能生存。但是我还是敢于讲真话的。我的真话总是大大地超过谎话。因此我是一个好人。

求全之毁根本没有，不虞之誉却多得不得了，压到我身上，使我无法消化，使我感到沉重。

不虞之誉，纷至沓来；求全之毁，几乎绝迹。我所到之处，见到的只有笑脸，感到的只有温暖。时时如坐春风，处处如沐春雨，人生至此，实在是真应该满足了。然而，实际情况却并不完全是这样惬意。

古人说："不如意事常八九。"这话对我现在来说也是适用的。我时不时地总会碰到一些令人不愉快的事情，让自己的心情半天难以平静。即使在春风得意中，我也有自己的苦恼。我明明是一头瘦骨嶙峋的老牛，却有时被认成是日产鲜奶千磅的硕大的肥牛。已经挤出了奶水五百磅，还求索不止，认为我打了埋伏。其中情味，实难以为外人道也。

在人文社会科学的研究中，说我做出了极大的成绩，那不是事实。说我一点成绩都没有，那也不符合实际情况。这样的人，滔滔者天下皆是也。但是，现在却偏偏把我"打"成泰斗。我这个泰斗又从哪里讲起呢？为此，我在这里昭告天下：请从我头顶上把"学界（术）泰斗"的桂冠摘下来。

我认为，我是认识自己的，换句话说，是有点自知之明的。我经常像鲁迅先生说的那样剖析自己。然而结果并不美妙，我剖析得有点过了头，我的自知之明过了头，有时候真感到自己一无是处。

我自认为是一个颇为敏感的人，我这一面心镜，虽不敢说是纤毫必显，然确实并不迟钝。我相信，我的镜子照出了二十世纪长达九十年的真实情况，是完全可以依赖的。

古人云：太上忘情。我是一个微不足道的凡人，无论如何也做不到忘情的地步，只有把自己钉在感情的十字架上了。

一个人一辈子做事，读书，不管是干什么，其中都有“机遇”的成分。我自己就是一个活生生的例子。

我一下子像是变了一个人。觉得一切的一切都是美好的，都是善良的。我觉得天特别蓝，草特别绿，花特别红，山特别青。全中国仿佛开遍了美丽的玫瑰花，中华民族前途光芒万丈，我自己仿佛又年轻了十岁，简直变成了一个大孩子。

我从内心深处认为自己是一个地地道道的“摘桃派”。中国人民站起来了，自己也跟着挺直了腰板。任何类似贾桂的思想，都一扫而空。我享受着“解放”的幸福，然而我干了什么事呢？我做出了什么贡献呢？我确实没有当汉奸，也没有加入国民党，没有屈服于德国法西斯。但是，当中华民族的优秀儿女把脑袋挂在裤腰带上，浴血奋战，壮烈牺牲的时候，我却躲在万里之外的异邦，在追求自己的名山事业。天下可耻事宁有过于此者乎？我觉得无比地羞耻。连我那一点所谓学问——如果真正有的话——也是极端可耻的。我左思右想，沉痛内疚，觉得自己有罪，觉得知识分子真是不干净。我仿佛变成了一个基督教徒，深信“原罪”的说法。在好多好多年，这种“原罪”感深深地印在我的灵魂中。

纵观中外几千年的学术史，在学问家中，真正杂而精的人极少。这种人往往出在学艺昌明繁荣的时期，比如古希腊的亚里士多德，文艺复兴时期的达·芬奇，以及后来德国古典哲学家中的几个大哲学家。他们是门门通，门门精。藐予小子，焉敢同这些巨人相比，除非是我发了疯，神经不正常。我自己是杂而不精，门门通，门门松。

别人对我的赞誉，我非常感激；但是，我并没有被这些赞誉冲昏了头脑，我头脑是清楚的。我只劝大家，不要全信那一些对我赞誉的话，特别是那些顶高得惊人的帽子，我更是受之有愧。

我生平优点不多，但自谓爱国不敢后人，即使把我烧成了灰，每一粒灰也还是爱国的。可是我对于当知识分子这个行当却真有点谈虎色变。我从来不相信什么轮回转生。现在，如果让我信一回的话，我就恭肃虔诚祷祝造化小儿，下一辈子无论如何也别再播弄我，千万别再把我弄成知识分子。

在友朋欢笑之中，在家庭聚乐之中，在灯红酒绿之时，在奖誉纷至沓来之时，我满面含笑，心旷神怡，却蓦地会在心灵中一闪念："这一出戏快结束了！"我像撞客的人一样，这一闪念紧紧跟随着我，我摆脱不掉。

衣食所安

我常常说：人们吃饭是为了活着，但活着不是为了吃饭。这是我的最根本的信条之一。我也身体力行。我现在仍然是黎明即起，兀兀穷年，不求有惊人之举，但求无愧于心，无愧于吃下去的饭。

我对吃，从来没有什么要求。早晨一般是面包或者干馒头，一杯清茶，一碟炒花生米，从来不让人陪我凌晨四点起床，给我做早饭。午晚两餐，素菜为多。我对肉类没有好感。这并不是出于什么宗教信仰，我不是佛教徒，其他教徒也不是。我并不宣扬素食主义。我的舌头也没有生什么病，好吃的东西我是能品尝的。不过我认为，如果一个人成天想吃想喝，仿佛人生的意义与价值就在于吃喝二字。我真觉得无聊，“斯下矣”，食足以果腹，不就够了吗？

一个人穿衣服，是给别人看的。如果一个人穿上十分豪华的衣服，打扮得珠光宝气，天天坐在穿衣镜前，自我欣赏，他（她）不是一个疯子，就是一个傻子。如果只是给别人去看，则观看者的审美能力和审美标准，千差万别，你满足了这一帮人，必然开罪于另一帮人，决不能使人人都高兴，皆大欢喜。反不如我行我素，我就是这一身打扮，你爱看不看，反正我不能让你指挥我，我是个完全自由自主的人。

我有我的老主意：以不变应万变。一身蓝色的卡其布中山装，春、夏、秋、冬，永不变化。所以我的开支项下，根本没有衣服这一项。你别说，我们那一套“三十年河东，三十年河西”的“哲学”，有时对衣着型式也起作用。我曾在解放前的一九四六年在上海买过一件雨衣，至今仍然穿。有的专家说：“你这件雨衣的款式真时髦！”我听了以后，大惑不解。经专家指点，原来五十多年流行的款式经过了漫长的沧桑岁月，经过了不知道多少变化，现在又在螺旋式上升的规律的指导下，回到了五十年前款式。我恭听之余，大为兴奋。我守株待兔，终于守到了。人类在衣着方面的一点小聪明，原来竟如此脆弱！

人生只有一条路

我不是一个没有名利思想的人——我怀疑真有这种人，过去由于一些我曾经说过的原因，表面上看起来，我似乎是淡泊名利，其实那多半是假象。但是，到了今天，我已至望九之年，名利对我已经没有什么用，用不着再争名于朝，争利于市，这方面的压力没有了。

记得有两句诗：“凡所难求皆绝好，及能如愿便平常。”我现在深深地认识到在朴素语言中蕴含的真理。我现在确实如愿了。但是心情平常到连平常的感觉都没有了。现在是二〇〇〇年一月一日，同一九九九年十二月三十一日，除了多了一天以外，决没有任何不同的地方。早晨太阳从东方升起，到了晚上，仍然会在西方落下。

个人走的路有时候并不由自己来决定，假如我当年留在家里，走的路是一条贫农的路。生活可能很苦，但风险决不会大。我今天的路怎样呢？我广开了眼界，认识了世界，认识了人生，获得了虚名。我曾走过阳关大道，也曾走过独木小桥；坎坎坷坷，又颇顺顺当当，一直走到了耄耋之年。如果当年让我自己选择道路的话，我究竟要选哪一条呢？概难言矣！

小的时候，总希望时光快快流逝，盼过节，盼过年，盼迅速长大成人。然而，时光却偏偏好像停滞不前，小小的心灵里溢满了忿忿不平之气。但是，一过中年，人生之车好像是从高坡上滑下，时光流逝得像电光一般。它不饶人，不了解人的心情，愣是狂奔不已。一转眼间，“两岸猿声啼不住，轻舟已过万重山”。滑过了花甲，滑过了古稀，少数幸运者或者什么者，滑到了耄耋之年。人到了这个境界，对时光的流逝更加敏感。年轻的时候考虑问题是以年计，以月计。到了此时，是以日计，以小时计了。

规定六十岁为老年，在旧社会是可以的。然而，到了今天，专就我们搞人文社会科学的人来说，六十岁正是黄金时期。读书多了，资料掌握也多了，正面和反面的经验和教训都已经有了，正是写作的最佳时刻。然而社会却突然告诉你：你已经“老”了！不中用了！成为社会的负担了！“老龄化”一个“化”字就把你打入另册。谈老色变，好像是谈艾滋病、环境污染、生态平衡破坏等等威胁着人类生存前途的祸害一般，老龄人也威胁着人类的生存。

我真正不了解，谈论“老龄化”究竟想干什么？事实上，今天六十岁以上的老年人还能干事、想干事、肯干事的大有人在。老在他们耳边聒噪什么“老龄”“老龄”，搅得他们不得安宁，这对社会不利，对中青年人也不利。这不是一清二楚的吗？

我有时幻想，自己为什么不能像朋友送给我摆在桌上的奇石那样，自己没有生命，但也决不会有死呢？我有时候也幻想：能不能让造物主勒住时间前进的步伐，让太阳和月亮永远明亮，地球上一切生物都停住不动，不老呢？哪怕是停上十年八年呢？

今天是新年元旦。从夜里零时起，自己已是不折不扣的八十老翁了。然而这老景却真如古人诗中所说的“青霭入看无”，我看不到什么老景。看一看自己的身体，平平常常，同过去一样。看一看周围的环境，平平常常，同过去一样。金色的朝阳从窗子里流了进来，平平常常，同过去一样。楼前的白杨，确实粗了一点，但看上去也是平平常常，同过去一样。时令正是冬天，叶子落尽了，但是我相信，它们正蜷缩在土里，做着春天的梦。水塘里的荷花只剩下残叶，“留得残荷听雨声”，现在雨没有了，上面只有白皑皑的残雪。我相信，荷花们也蜷缩在淤泥中，做着春天的梦。总之，我还是我，依然故我；周围的一切也依然是过去的一切……我是不是也在做着春天的梦呢？我想，是的。我现在也处在严寒中，我也梦着春天的到来。

我现在过日子是以天计，以小时计。每一天每一个小时都是可贵的。我希望真正能够仔仔细细地过，认认真真地过，细细品味每一分钟每一秒钟，我认为每一分每一秒都不“寻常”。

人类社会的进步，有如运动场上的接力赛。老年人跑第一棒，中年人跑第二棒，青年人跑第三棒。各有各的长度，各有各的任务，互相协调，共同努力，以期获得最后胜利。这里面并没有高低之分，而只有前后之别。老年人不必“倚老卖老”，青年人也不必“倚少卖少”。

我同这些生龙活虎般的青年们在一起，他们身上那一股朝气，充盈洋溢，仿佛能冲刷掉我身上这一股暮气，我顿时觉得自己年轻了若干年。同青年们接触真能延长我的寿命。古诗说："服食求神仙，多为药所误。"我一不服食，二不求神。青年学生就是我的药石，就是我的神仙。

我们可以说是已经交了棒，看你们年轻人奋勇向前了。但是我们虽无棒在手，也决不会停下不走，"坐以待毙"；我们仍然要焚膏继晷，献上自己的余力，跟中青年人同心协力，把我们国家的事情办好。

人类的前途要由你们来决定，祖国的前途要由你们来创造。这就是你们青年人的责任。千万不要把人生观和价值观当做一个哲学命题来讨论，徒托空谈，无补实际。一切人生观和价值观，离开了这个责任感，都是空谈。

中国古代文人对追求长生有自己的表达方式。苏东坡词："谁道人生无再少？门前流水尚能西。休将白发唱黄鸡。"在这里出现"再少"这个词儿。肉体上的再少，是不可能的，时间不能倒转的。我的理解是，如果老年人能做出像少年的工作，这就算是"再少"了。

古人不是说"人生七十古来稀"吗？但是，到了今天，时移世转，应该改一个提法："人生九十今不稀。"这样才符合实际情况。我们现在祝人高寿，常说："长命百岁！"我想，这个说法不恰当。从前说"长命百岁"，是表示期望。今天再说，就成了限制。人们为什么不能活过百岁呢？

老了就得服老，老老实实地服老，才是正道。

平心而论，人老了，不能说是什么好事，老态龙钟，惹人厌恶；但也不能说是什么坏事。人一老，经验丰富，识多见广。他们的经验，有时会对个人，甚至对国家，有些用处的。但是，这种用处是必须经过事实证明的，自己一厢情愿地认为有用处，是不会取信于人的。

一个人老了，他毕竟经历的事情多，不管是盐还是面，都比年轻人吃得多。阳关大道，他走过；独木小桥，他也踏过。车马盈门，他有过；世态炎凉，他也尝过，他替别人抬过轿子；别人也替他抬过轿子。总之，一句话，世事把他塑造成了一个世故老人。

人活得太久了，对人生的种种相，众生的种种相，看得透透彻彻，反而鼓舞时少，叹息时多。远不如早一点离开人世这个是非之地，落一个耳根清净。

面对死亡

我被抄家，被批斗，被打得头破血流、鼻青脸肿。我并不是那种豁达大度什么都不在乎的人，我一时被斗得晕头转向，下定决心，自己结束自己的性命。决心既下，我心情反而显得异常平静，简直平静得有点可怕。我把历年积攒的安眠药片和药水都装到口袋里，最后看了与我共患难的婶母和老伴一眼，刚准备出门跳墙逃走，大门上响起了雷鸣般的撞门声："新北大公社"的红卫兵来押解我到大饭厅去批斗了。这真正是千钧一发呀！这一场批斗进行得十分激烈，十分野蛮，我被打得躺在地上站不起来。然而我一下得到了"顿悟"：一个人忍受挨打折磨的能力，是没有极限的。我能够忍受下去的！我不死了！我要活下去！

我的确活下来了。然而，在刚离开"牛棚"的时候，我已经虽生犹死，我成了一个半白痴，到商店去买东西，不知道怎样说话。让我抬起头来走路，我觉得不习惯。耳边不再响起“妈的！”“混蛋！”“王八蛋！”一类的词儿，我觉得奇怪。见了人，我是口欲张而嗫嚅，足欲行而趑趄。我几乎成了一具行尸走肉，我已经“异化”为“非人”。

我的确活下来了，然而一个念头老在咬我的心。我一向信奉的“士可杀，不可辱”的教条，怎么到了现在竟被我完全地抛到脑后了呢？我有勇气仗义执言、打抱不平，为什么竟没有勇气用自己的性命来抗议这种暴行呢？我有时甚至觉得，隐忍苟活是可耻的。

从一九六七年十二月以后，我多活一天，就等于多赚了一天，算到现在，我已经多活了，也就是多赚了三十多年了，已经超过了我满意的程度。死亡什么时候来临，对我来说都是无所谓的，我随时准备着开路，而且无悔无恨。我并不像一些魏晋名士那样，表面上放浪形骸，不怕死亡。其实他们的狂诞正是怕死的表现。如果真正认为死亡是微不足道的事，何必费那么大劲装疯卖傻呢？

现在，我的人生之旅快到终点了。我常常回忆八十年来的历程，感慨万端。我曾问过自己一个问题：如果真有那么一个造物主，要加恩于我，让我下一辈子还转生为人，我是不是还走今生走的这一条路？经过了一些思虑，我的回答是：还要走这一条路。但是有一个附带条件：让我的脸皮厚一些，让我的心黑一点，让我考虑自己的利益多一点，让我自知之明少一点。

我身历几个朝代，忍受过千辛万苦。现在只觉得身后的路漫长无边，眼前的路却是越来越短，已经是很有限了。我并没有倚老卖老，苟且偷安；然而我却明确地意识到，我成了一个“悲剧”人物。我的悲剧不在于我不想“不用扬鞭自奋蹄”，不想“老骥伏枥，志在千里”，而是在“老骥伏枥，志在万里”。

自己现在承担的或者被迫承担的工作，头绪繁多，五花八门，纷纭复杂，有时还矛盾重重，早已远远超过了自己的负荷量，超过了自己的年龄。这里面，有外在原因，但主要是内在原因。清夜扪心自问：自己患了老来疯了吗？你眼前还有一百年的寿命吗？可是，一到了白天，一接触实际，件件事情都想推掉，但是件件事情都推不掉，真仿佛京剧中的一句话：“马行在夹道内，难以回马。”

我希望，现在能够把当前的日子过得仔细一点，认为不寻常一点。特别是在走上了人生最后一段路程时，更应该这样。

我最近发见[1]了，在自己内心潜藏着一个“自私自利”的灵魂。开口总说：“为什么不抵抗呢？”也就等于说：“别人为什么不去死呢？”自己则时时刻刻想往后退。有时觉得这种心要不得，然而立刻又有大串的理由浮起来，总觉得自己不能死，这真是没办法。

我早就认识到，永远变动，永不停息，是宇宙根本规律，要求不变是荒唐的。万物方生方死，是至理名言。江文通《恨赋》中说：“自古皆有死，莫不饮恨而吞声。”那是没有见地的庸人之举，我虽庸陋，水平还不会那样低。即使我做不到热烈欢迎大限之来临，我也决不会饮恨吞声。

在亿万年地球存在的期间，一个人只能有一次生命。这一次生命是万分难得的。我们每一个人都必须认识到这一点，切不可掉以轻心。尽管人的寿夭不同，这是人们自己无能为力的。不管寿长寿短，都要尽力实现这仅有的一次生命的价值。多体会民胞物与的意义，使人类和动植物都能在仅有的一生中过得愉快，过得幸福，过得美满，过得祥和。

---

[1] 现。